工业和信息化人才培养规划教材

Industry And Information Technology Training Planning Materials

U0315376

Technical And Vocational Education

高职高专计算机系列

PHP+CMS+Dreamweaver
网站设计实例教程

Web Design by
PHP+CMS+Dreamweaver

王德永 张少龙 ◎ 主编

杜暖男 何福男 贾如春 ◎ 副主编

人民邮电出版社

北京

图书在版编目（ＣＩＰ）数据

PHP+CMS+Dreamweaver网站设计实例教程 / 王德永，张少龙主编. -- 北京：人民邮电出版社，2013.10（2022.8重印）
工业和信息化人才培养规划教材. 高职高专计算机系列
ISBN 978-7-115-33095-6

Ⅰ. ①P… Ⅱ. ①王… ②张… Ⅲ. ①网页制作工具－程序设计－高等职业教育－教材 Ⅳ. ①TP393.092

中国版本图书馆CIP数据核字(2013)第223583号

内 容 提 要

本书是为网站设计与制作初学者编写的。全书共 7 章，按照网站设计流程组织内容，全面介绍了网站规划与设计、站点创建与管理、页面美工设计、页面布局、添加特效、制作动态页面、网站测试与发布等内容。内容涵盖了 PhotoShop 网页制作，Dreamweaver 中的网页基本元素文字、图片、超链接、表格、表单、框架、模板与库以及网页 CSS 样式设计和页面布局，网页特效等内容，另外还介绍了 DedeCMS 网站管理与使用。通过企业真实项目的演练，培养学生网站开发能力。

本书可作为高职高专计算机及相关专业教材。还可作为网站设计与制作自学者的参考用书。

◆ 主　编　王德永　张少龙
　副 主 编　杜暖男　何福男　贾如春
　责任编辑　王　威
◆ 人民邮电出版社出版发行　　北京市丰台区成寿寺路 11 号
　邮编　100164　电子邮件　315@ptpress.com.cn
　网址　https://www.ptpress.com.cn
　涿州市京南印刷厂印刷
◆ 开本：787×1092　1/16
　印张：16.25　　　　　　　2013 年 10 月第 1 版
　字数：419 千字　　　　　2022 年 8 月河北第 13 次印刷

定价：45.00 元（附光盘）

读者服务热线：(010)81055256　印装质量热线：(010)81055316
反盗版热线：(010)81055315
广告经营许可证：京东市监广登字 20170147 号

前　言

Dreamweaver 是 1997 年由 Macromedia 公司推出的 Web 应用开发工具，历经多次升级。2005 年 Adobe 公司收购 Macromedia 公司，从此，Dreamweaver 归 Adobe 所有。它不仅能帮助初学者迅速成长为网页制作高手，而且为专业设计师提供了强大的开发工具和无穷的创作灵感。因此，Dreamweaver 备受业界人士的推崇，在众多专业网站和企业应用中都将其列为首选工具。

织梦内容管理系统（DedeCMS）是国内 PHP 开源网站管理系统，以简单、实用、开源而闻名，也是使用用户最多的 PHP 类 CMS 系统 DedeCMS 免费版的主要目标用户锁定在个人站长，功能更专注于个人网站或中小型门户的构建，当然也不乏有企业用户和学校等在使用。DedeCMS 基于 PHP+MySQL 的技术架构，完全开源加上强大稳定的技术架构，无论是打算做个小型网站，还是想让网站在不断壮大后仍能得到随意扩充都有充分的保证。Dreamweaver+DedeCMS（PHP+MySQL）是当前专业网站公司开发网站的主流开发工具，在保障快速开发网站的同时，为技术安全、技术支持等多方面提供强大的支持。

为了适应高等职业教育改革，落实校企合作、工学结合，增加学生项目制作经验，同时夯实基础知识，我们会同专业公司技术骨干利用当前主流技术 Dreamweaver+DedeCMS（PHP+MySQL），以企业真实的网站开发项目 "平顶山韩创教育咨询有限公司" 网站为载体，依据网站项目开发流程来编写教材。课程教学采用 "项目导向、任务驱动" 的方法，课下在教师指导下完成合作企业网站项目的 "工学交替、学做融合" 教学过程，整体采用 "教 A 做 B" 的教学模式，按照认知规律，逐步递进，让学生能在实际经历网站开发制作流程和技术规范的同时，养成良好的团队协作职业素质，胜任网站开发岗位的各项工作。

本书按照任务驱动的方式编写，首先进行任务描述和展示，然后学习相关知识，再进行任务实施，最后进行任务考核。每章都采用实际案例，对教育网站进行详讲并带领学生课堂完成，每一章均配有拓展实训用于学生课外拓展训练，并配有相关习题，满足网页设计师考取证书的需求。通过任务的实施，体验网站设计师整个工作过程，完成从认知到实践，达到教学目标的要求。

本书配套光盘中包含了书中所有案例的源代码和最终效果文件。另外，为方便教学，本书配备了 PPT 课件等教学资源，任课老师可登录人民邮电出版社教学服务与资源网（www.ptpedn.com.cn）免费下载使用。

本书由王德永、张少龙担任主编，杜暖男、何福男、贾如春担任副主编，马莹莹、王聪、刘艺培、孟庆兰参与了编写，北京京胜世纪科技有限公司王喜胜总经理、中国平煤神马集团计算机通讯分公司别深杰提供了实际网站作为项目参考，并对本书的编写提出了宝贵意见，在此一并感谢。

作　者

2013 年 9 月

目　录

第1章

教育网站规划与设计

　　网站建设是教育类企业信息化建设的重要方面，是加大宣传与交流力度提高教学、科研、管理效率的重要途径。平顶山韩创教育咨询公司计划搭建企业网站作为对外宣传的窗口，展示该公司师资培训的内容。

　　本章主要学习网站建设第一步网站规划与设计。首先要完成的是网站规划书的撰写和网站开发环的配置。

1.1　任务一　网站规划书撰写

1.1.1　任务描述

　　网站规划是指在网站建设前对市场进行分析、确定网站的目的和功能，并根据需要对网站建设中的技术、内容、费用、测试、维护等做出规划。网站规划对网站建设起到计划和指导的作用，对网站的内容和维护起到定位作用。网站规划书应该尽可能涵盖网站规划中的各个方面，网站规划书的写作要科学、认真、实事求是。

1.1.2　相关知识

1. PHP 网站开发流程

　　在建设一个网站之前，首先要了解网站建设的开发流程来策划、设计、制作和发布网站。通过使用开发流程确定制作步骤，以确保每一步顺利完成。好的开发流程能帮助设计者解决策划网站的繁琐行，减小项目失败的风险。本项目采用的是 PHP（Personal Home Page）技术。常用的 PHP 网站开发流程，如图 1-1 所示。

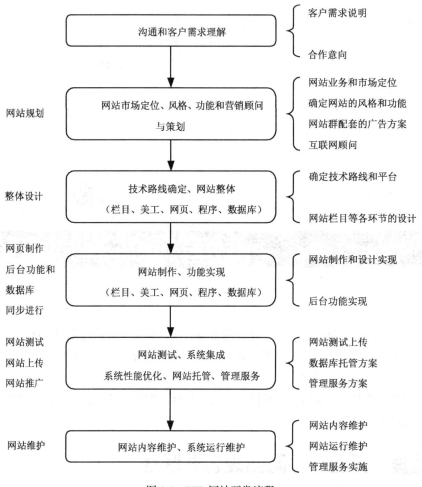

图 1-1　PHP 网站开发流程

2．常用前台技术网站开发技术

前台技术是用于显示层的技术，或者是面向浏览者的技术，主要进行 Web 前端架构及静态页面制作。其中，静态网页不包含任何服务器端脚本，代码都是在放置到 Web 服务器前由网页设计人员编写的，文件扩展名为.htm 或.html。

（1）HTML。HTML（Hyper Text Markup Language，超文本标记语言）是利用标记（Tag）来描述网页的字体、大小、颜色及页面布局的语言，使用任何文本剪辑器都可以对它进行编辑。HTML 与 VB、C++等编程语言有着本质的区别，使用一些网页编辑软件（如 Dreamweaver）可以快速地生成 HTML 代码。

（2）ECMAScript。ECMAScript 技术是由 ECMA（European Computer Manufactures Association International，欧洲计算机制作商协会）制定的标准化脚本语言，它往往被称为 JavaScript 或 JScript，但实际上后两者是 ECMA-262 标准的扩展。

JavaScript 是一种脚本语言，通过嵌入或整合在标准 HTML 中实现，也就是说，JavaScript 的程序直接加入在 HTML 文档里，当浏览器读取到 HTML 文件中的 JavaScript 程序，就立即解释并执行有关的操作，无需编译器。利用 JavaScript 技术可以制作动态按钮、滚动字幕等网页特效。

（3）XHTML。XHTML（Extensible Hyper Text Markup Language，可扩展的超文本标记语言）是由 HTML 语言发展起来的一种标记语言。XHTML 实际上是 HTML 4 的后续版本，在 W3C 网页标准化体系中，XHTML 属于网页的结构技术。

（4）CSS。CSS（Cascading Style Sheets，层叠样式表）是一种数据表文件，在该数据表中存储了网页结构语言的各种样式以及显示方式等内容，并通过表的 ID、标签以及类等选择器供 XHTML 调用。利用 CSS 技术，可以有效地对页面的布局、字体、颜色、背景和其他效果实现更加精密的控制。对相应的代码做一些简单的修改，就可以改变统一页面的不同部分，或者改变不同页数页面的外观和格式。在 W3C 网页标准中，CSS 属于网页的表现技术。

（5）切片技术。切片技术是应用于网页图形处理的一种技术，可将整张图片切割为几张小图片，并输出一个网页，图片会作为网页表格或层中的内容。切片技术的出现，提高了平面转换为网页设计的效率。目前，可以使用切片技术的图像处理软件有 Photoshop、Fireworks、Illustrator 和 Coreldraw 等。

3．常用后台技术网站开发技术

后台技术是面向网站数据管理的技术，主要用于开发动态网页。动态网页与静态网页之间区别在于：动态网页中的动态内容通常存放在网站后台的数据库里，通过运行 ASP 等语言编写服务器端程序，自动生成网页再送往浏览器。这样做有利于浏览者的互动，内容的更新也更方便。动态网页与静态网页文件扩展名不同，对于动态网页来说，其文件扩展名不再是.htm 或.html，而是与所使用的 Web 应用开发技术有关。例如，使用 ASP 技术时网页文件扩展名是.asp，使用 ASP.NET 技术时网页文件扩展名是.aspx 等。目前交互式动态网页实现技术主要是 PHP、ASP、JSP 和 ASP.NET 等。

（1）PHP。PHP（Hypextes Preprocessor，起文本预处理）是一种跨平台服务器解释执行的脚本语言，与 ASP 类似，它也是基于服务器端用于产生动态网页而且可嵌入 HTML 中的脚本程序语言。ASP 虽然功能强大，但是只能在微软的服务器软件平台上运行，而大量使用 UNIX/Linux 的用户要制作动态网站则首选 PHP 技术。PHP 用 C 语言编写，可运行于 UNIX/Linux 和 Windows 9x/NT/2000/2003 下。

（2）ASP。ASP（Active Server Page，动态服务器页面）是 Microsoft 开发的动态网页技术标准，它类似于 HTML、Script 与 CGI 的结合体，但是其运行效率却比 CGI 更高，程序编制比 HTML 更方便、灵活，程序安全及保密性也比 Script 好。

（3）JSP。JSP（Java Server Pages，Java 服务器页面）是由 Java 语言的创造者 Sun 公司提出，多家公司参与制订的动态网页技术标准，它通过在传统的 HTML 网页 ".htm"、".html" 中加入 Java 代码和 JSP 标记，最后生成后缀名为 ".JSP"、的 JSP 网页文件。

（4）ASP.NET。ASP.NET 是建立在微软新一代.NET 平台架构上，利用普通语言运行时（Common Language Runtime）在服务器后端为用户提供建立强大的企业级 Web 应用服务的编程框架。ASP.NET 拥有更好的语言支持，一整套新的控件，基于 XML 的组件以及更好的用户身份验证。ASP.NET 代码不完全向后兼容 ASP。目前，ASP.NET 的开发语言有 C#、Visual Basic.NET 等。

4．网站的逻辑结构

网站逻辑结构是指页面之间相互链接的拓扑结构。一般的链接结构有以下几种。

（1）树型链接结构。树型链接结构（见图 1-2）是一种一对一的形式，类似物理目录结构。

首页链接指向一级页面，一级页面链接指向二级页面。浏览这样的链接结构时，一级级进入，一级级退出。其优点是条理清晰，访问者明确知道自己在什么位置，不会迷路；其缺点是浏览效率低，一个栏目下的子页面到另一个栏目下的子页面，必须绕经首页。

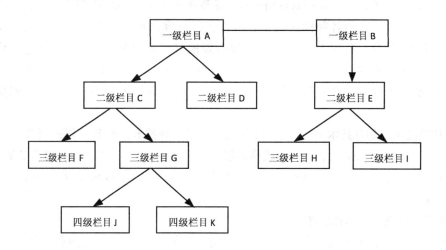

图 1-2　树型链接结构

（2）星状链接结构。星状链接结构（见图 1-3）是一种一对多的形式。每个页面相互之间都建立有链接。这种链接结构的优点是浏览方便，随时可以到达自己喜欢的页面，缺点是链接太多，页面之间的层次结构不清晰，容易使浏览者迷路，搞不清自己在什么位置。

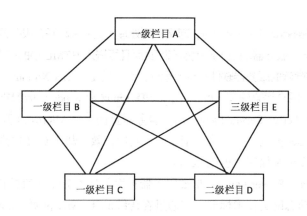

图 1-3　星状链接结构

（3）混合链接结构。混合链接结构就是将以上两种结构混合起来。为了浏览者既可以快速方便地到达目标页面，又可以清楚地知道自己的位置，可在首页和一级页面之间采用星状链接结构，在一级和二级页面之间采用树状链接结构。

网站的逻辑链接结构的设计在实际的网页制作中是非常重要的一环。采用什么样的链接结构直接影响到版面的布局。随着网站竞争的日趋激烈，对链接的要求已经不仅局限于可以快速方便地浏览，而且更加注重其个性化和相关性。如何尽可能留住浏览者，是网站设计者必须考虑的问题。

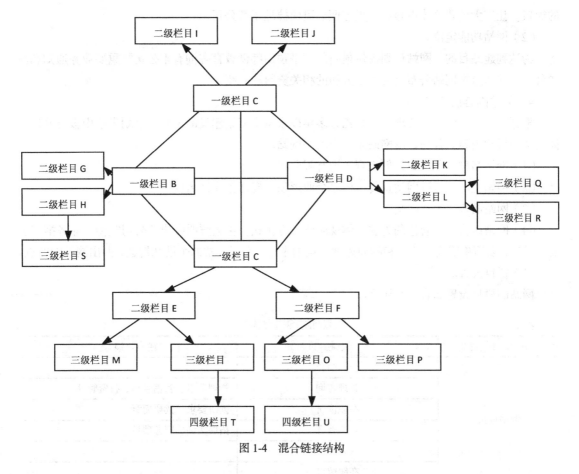

图1-4 混合链接结构

1.1.3 任务实施

1. 网站简介

平顶山韩创教育咨询有限公司网站（以下简称：韩创教育网站）是一个典型的在职教育类门户网站，作为该公司对外宣传的窗口，也是展示该公司师资培训内容，加强校内外联系、师生交流、互相学习、共同发展的阵地。

2. 市场分析

（1）现今教育网站数量及发展情况。

查找相关数据资料，如中国互联网络信息中心（CNNIC）的相关报告，了解目前国内互联网发展情况，再寻找教育网站的数据。得到结论，网站建设业务在不断发展，行业市场规模巨大，同时也有越来越多的网络公司参与到市场竞争中来。

（2）网站建设必要性。

网站建设是学校教育信息化建设的重要方面，是适应现代教育技术和信息技术的发展，加大学校对外交流与宣传力度，提高教学、科研、管理效率的重要途径。

3. 网站目的及功能定位

（1）建站目的。

教育网站致力于以先进的互联网络为载体，搭建一个以宣传推广企业形象，提高企业知名度的窗口，让广大消费群体更容易、更方便、更便捷地了解公司。

（2）网站功能定位。

为达到建站目的，网站计划提供最新的"平顶山韩创教育咨询有限公司"重要业务通知和新闻公告，并通过本网站公布公司各个方面的相关资料和介绍。

4．网站内容设计与规划

根据甲方企业的基本要求，结合乙方多年以来从事网站建设的经验，策划平顶山教育网站整体基本栏目和内容。首先，本网站是一个动态网站。

（1）网站名称：平顶山韩创教育咨询有限公司。

（2）网站主题：通过网站宣传，树立企业形象，提高企业知名度。

（3）网站语言：简体中文。

（4）网站风格：以蓝色调为主，体现简洁大方正式，主题鲜明突出（公司宣传，业务推广），要点明确，以简单明确的语言和画面体现站点的主题，表现网站的个性和情趣，办出网站的特点。

（5）栏目设置。

网站的栏目设置如表 1-1 所示。

表 1-1   教育网站栏目结构

一 级 栏 目	二 级 栏 目	栏 目 描 述
网站首页	公司简介	
	管理咨询	管理资讯、营销管理、投资管理
	在职读研	读研要求、读研简章
	经典教育	拓展实训、服务项目
	联系我们	
	在线留言	

（6）网站拓扑图。

本网站的拓扑图如图 1-5 所示。

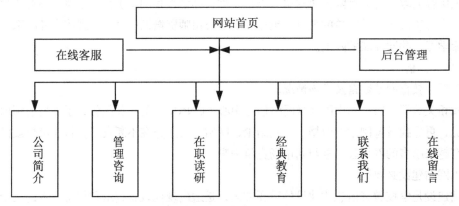

图 1-5　平顶山教育网站拓扑图

（7）栏目描述。

组成网站的栏目的共同特点主要在于信息的动态性与实时性。不同版块之间，同时在页面上显示的信息是相互独立的。这些信息是通过后台的管理中心分版块来动态管理的。也就是说，在后台将某条信息添加在哪个版块，该条信息就显示在页面上的相对应的版块上。而且在后台，可将不同的版块分配给不同的管理者来管理。

所有信息的发布均通过数据库程序自动进行，在各版块信息录入模板中设置一条信息所需要的各项字段的编辑录入框，网站管理员只需按要求将各项字段进行录入提交，即可完成信息发布工作。

录入提交后的信息内容，保存在网站数据库中，在网页中通过数据库程序调用，可以实现在网页的任一位置按某一指定形式/风格显示指定的新闻内容。

网站系统图如图 1-6 所示。

图 1-6　教育网站系统图

该网站是由不同的独立信息版块组成，每一个独立信息版块均具有以下特点。

专业高效，突出时效——每条信息都基于时间来管理，明确标明发布时间；

信息列表，自动排序——信息次序以时间自动排序，无需人工操作；

图文并茂，强化主题——每条信息都可以附带相关图片，加深渲染效果；

信息维护，简单易行——维护信息只需填写信息主题、内容即可发布；

随意更改，便于管理——可随时通过维护界面增加、修改、删除每条信息，强化信息管理；

分类详尽，便于阅读——利于用户按目的查找信息，直奔主题；

搜索功能，准确快捷——以关键字、时间、类别等方式查找信息节约时间；

两层分类，不限数量——信息按需求分类（无数量限制），自定义类别性质，一级类别下可再次分类；

后台维护，轻松管理——随时可以通过后台维护页面，如更改、删除类别、名称、各条信息内容，轻松直观。

（8）网站功能设计。

网站新闻动态发布功能：将网页上的某些需要经常变动的信息，类似新闻、教育服务信息发布和行业动态等更新信息集中管理，并通过信息的某些共性进行分类，最后系统化、标准化发布到网站上的一种网站应用程序。网站信息通过一个操作简单的界面进入数据库，然后通过已有的网页模板格式与审核流程发布到网站上。

该功能大大地减轻了网站更新维护的工作量，通过网络数据库的引用，将网站的更新维护工作简化到只需录入文字和上传图片，从而使网站的更新时间大大缩短，大大加快了信息的传播速度，也吸引了更多的长期用户群，时时保持网站的活动力和影响力。

全站搜索功能：提供对全站的信息进行搜索的功能。站内搜索系统提供了对信息进行多种类型检索的支持。由于系统信息的储存方式有两种，文件系统的静态.html 和装入数据库的信息，因此系统采用两种搜索引擎，一种是针对文件系统的全文检索功能，另一种是针对数据库系统的全文检索功能。

维护、管理栏目内容：通过维护界面增加、修改、删除每条信息。提供全面的所发布信息的内容描述，学员可以充分了解所有发布信息内容，并灵活地从网站发布的信息中进行选择。

在线留言系统：主要是为网站浏览者和学员提供对于网站的具体内容和对公司的建议与意见的收集，为网站浏览者和学员加深对"平顶山韩创教育咨询有限公司"的了解提供便利，提高网站的互动性，更好地促进企业服务的职能。

后台操作功能：该系统拥有两个方面的功能，一方面，通过该系统分配不同的栏目或者文档的权限给不同的人，从而界定每个编辑人员的工作程序和权限，实现工作的有序化和系统化；另一方面，根据不同的访问者、不同数据对象可以设定不同的权限。韩创教育网站后台系统权限如表 1-2 所示。

表 1-2　　　　　　　　　　　　　韩创教育网站后台系统权限

用户 ＼ 数据对象	信　息	论　坛	文　档	系 统 数 据
信息发布员	只读	读、写	只读	不能读写
栏目管理员	只读	读、写	限定读写	限定只读
系统管理员	全部	全部	全部	全部

对于程序中调用的数据库登陆密码，采用密钥处理，在程序源代码中看不到明文。系统程序根据操作人员不同的权限来开放相应的模块操作权限。

用户登录：用户通过密码认证进入网站管理后台，不同的登录用户名拥有不同的管理权限，权限由系统管理员分配。

用户组管理：系统管理员添加、删除用户组，或者修改组属性，分配给特定组不同的信息维护权限。

用户管理：系统管理员创建后台用户账号并分配相应的管理权限。用户权限包括：信息发布员，对某个栏目的某类信息的添加、编辑、删除权限和时间权限；栏目管理员：对某个栏目的信息发布员管理、栏目信息的添加、编辑、删除权限和时间权限；超级管理员：用来管理注册用户或者具有一定权限的其他管理员，维护网站的运行。

（9）网站的非功能性需求。

① 技术需求。

● 软硬件环境需求。

系统应可运行于 Windows 平台。

系统采用 B/S 架构，可通过浏览器访问，可使用 IE 6.0 或更高版本的 IE 浏览器以及其他主流浏览器。

系统运行于 Internet 网络中。

系统数据库使用 MySQL 数据库。

● 性能需求。

本系统在正常的网络环境下，应能够保证系统的及时响应。

网站栏目相应功能响应时间不超过 15s。

● 安全保密需求。

本系统的系统架构以及权限机制可以保证系统的安全性。

本系统采用 B/S 模型，服务器数据源与客户端分离，保证了数据的物理独立性。

用户授权机制通过角色的定义管理实现，通过定义某些角色能进行的操作权限，限定用户的操作权限，实现对用户的授权。

● 可维护性和可扩展性。

本系统的应用平台设计中选择 B/S 结构，采用基于 PHP 技术，使系统具有良好的可维护性和可扩展性。

② 网站首页界面。

网站首页界面大致如图 1-7 所示。

图 1-7　教育网站首页示意图

5．网页设计

（1）网站整体风格。教育网站首页设计将采用具有教育行业特征的图文版形式，突出网站商业化、专业化、榜样化、规模化等感觉。配之以形象、精致的 LOGO 徽标以及特有的图案，塑造网站整体专业、规模的形象。在整体形象上要表现出主题突出、内容精干、形式严肃简洁、整体大方的特点，让人有耳目一新之感。网站整体风格统一，以文字为主体，同时配以精巧静态或动态图片，以吸引访问者的注意力，表达创新精神以及上升动力。在网站的整体设计上，强调人性化和参与意识，为访问者尽可能地提供更多的在线服务和沟通渠道，充分利用互联网的交互功能，呈现整体友好的界面结构。

（2）首页风格。网站首页的设计体现性质和风格，也代表着教育企业整体的品牌形象，所以首页设计在本项目工程中占有十分重要的位置。

首页的设计，将确定平顶山韩创教育咨询有限公司整体形象设计规划，网站所有的页面将具有统一风格。采用 Flash、GIF 动画等技术增强网站的活力。在版面上，力争简洁、清爽的风格效果，简化页面，摒弃大量图形点缀的模式，以求速度和风格兼具。

（3）栏目页风格。栏目页整体风格和首页风格一致，并且为了将丰富的含义和多样的形式组织成统一的页面结构，形式、语言必须符合页面内容，灵活运用各种手段，通过空间、文字、图形之间的相互关联建立整体的均衡状态，产生和谐的美感。点、线、面相结合，充分表达完美设计意境，向浏览者传达相应的信息。

6. 网站技术解决方案、维护及测试

韩创教育网站关键技术如表 1-3 所示。

表 1-3　　　　　　　　　　　　　　韩创教育网站关键技术一览表

序　号	网站组成	使用技术	使用软件
1	网站前台页面各类网页元素	HTML	Dreamweaver CS5
2	网站页面布局、网页元素样式设置	CSS	Dreamweaver CS5、Photoshop CS5
3	网站动态菜单 网页特效	JavaScript	Dreamweaver CS5
4	网站所有信息发布更新（如新闻、培训项目等）及在线留言系统	PHP、数据库	PhpStudy 2011、MySQL
5	主要动画、动态图标	Flash	Flash CS5

7. 网站发布与推广

（1）利用自己的服务对象资源推广。网站建好后，首先将它介绍给公司的服务对象。他们对公司的网站是最感兴趣的。他们通过公司的网站可以更方便快捷地了解和查询到相关的信息，可以更加方便地与公司沟通。这些对象是网站的忠实访问者。

（2）通过搜索引擎推广。网站做好后，就去中文雅虎、新浪、搜狐、网易等网站上进行搜索引擎登记，让更多检索、帮助同行业的人查找到公司的网站。

（3）利用自己的网站推广。网站建好后，不断更新自己的网站内容，把自己的各种服务做到网上，让人们产生访问兴趣，这样会给访问者留下好的印象，增加回头率。

（4）利用其他网站推广。与相关网站交换首页广告、友情链接，在全国各大能发布信息、广告、留言及论坛的网站上发布广告信息。

（5）利用传统媒体推广。适当在报刊、电台、路牌等传统媒体发布网站广告，还可将网址打印在公益广告等宣传资料上，让更多的人了解公司的网站。

通过上述的宣传和推广，可以提高网站的访问率。访问率越高，了解的人就越多。就可以更好地服务社会，最终达到利用网站产生良好社会影响的目的。

1.1.4　任务评价

本任务的考核是通过教育的网站规划书完成结果为最终考核，考核的主要内容是了解网站开发流程，掌握网站规划书的书写规范，学会完成教育网站规划书的撰写。表 1-4 所示为本任务考核标准。

表 1-4　　　　　　　　　　　　　　本任务考核标准

评分项目	评分标准	分　值	比　例
网站规划书	网站规划书结构合理、内容正确、图形准确，能够对网站开发有良好的指导作用	41～50 分	50%
	网站规划书结构合理、内容基本正确、图形准确，稍作修改能够对网站开发有良好的指导作用	21～40 分	
	网站规划书还需要进一步修改才能使用	0～20 分	

续表

评分项目	评分标准	分　　值	比　　例
任务过程	根据任务实施过程的态度、团队协作、拓展能力和创新能力等方面进行考核	酌情打分	20%
知识掌握	（1）熟悉网站开发流程 （2）掌握网站规划书撰写方法 （3）能够撰写网站规划书	酌情打分	20%
任务完成时间	在规定时间内完成任务者得满分，每推迟半小时扣 5 分	0~10 分	10%
总计		100	100%

1.1.5　任务小结

本任务主要了解网站开发流程，明确网站规划书在网站开发中的地位，掌握网站规划主要内容和格式，掌握网站规划书撰写规范，最终完成教网站规划书的撰写。

1.2　任务二　网站开发项目准备

1.2.1　任务描述

本任务主要介绍网站开发前网站开发工具的安装知识。安装的过程其实是熟悉软件环境的过程，除安装软件开发工具之外，整个开发环境对开发工具也有很多要求，包括对工具使用的方便程度、软件的熟悉程度、软件间的兼容性等，在网站开发之前就要完成开发环境的搭建，下面针对教育网站建设所需的软件，介绍其安装方法。

1.2.2　相关知识

1．phpStudy 2011

phpStudy 2011 是一个 PHP 调试环境的程序集成包。

该程序包集成最新的 Apache+PHP+MySQL+PhpMyAdmin+ZendOptimizer，一次性安装，无需配置即可使用，是非常方便、好用的 PHP 调试环境。该程序不仅包括 PHP 调试环境，还包括了开发工具、开发手册等。

2．织梦内容管理系统（DedeCMS）

织梦内容管理系统（DedeCMS）以简单、实用、开源而闻名，是国内最知名的 PHP 开源网站管理系统，也是使用用户最多的 PHP 类 CMS 系统，经历了几年的发展，目前的版本无论在功能方面，还是在易用性方面，都有了长足的发展，DedeCMS 免费版的主要目标用户锁定在个人站长，功能更专注于个人网站或中小型门户的构建，当然也不乏企业用户和学校等使用本系统。织梦内容管理系统（DedeCMS）基于 PHP+MySQL 的技术架构，完全开源加上强大稳定的技术架构，使用户无论是目前打算做个小型网站，还是想让网站在不断壮大后仍能得到随意扩充都有充分的保证。

1.2.3 任务实施

（1）双击 phpStudy 2011 程序安装包中 setup.exe 图标，显示安装向导界面，如图 1-8 所示。

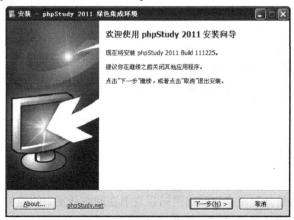

图 1-8 phpStudy 2011 安装向导界面

（2）单击"下一步"按钮，进入用户许可协议条款界面，选择"我接受"，如图 1-9 所示。

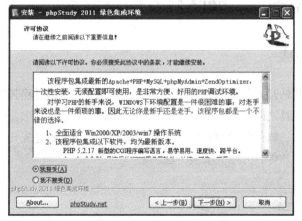

图 1-9 phpStudy 2011 许可协议界面

（3）单击"下一步"按钮，选择软件安装的路径，如图 1-10 所示。完成后单击"下一步"按钮，选择 PHP 程序存放目录，如图 1-11 所示。

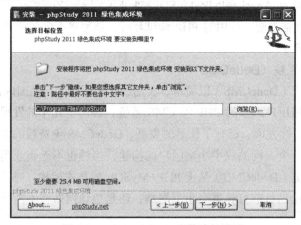

图 1-10 phpStudy 2011 安装路径界面

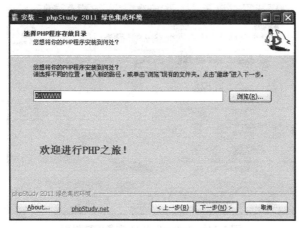

图 1-11 选择 PHP 程序存放目录

（4）单击"下一步"按钮，选择安装组件，如图 1-12 所示。

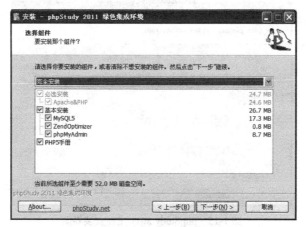

图 1-12 phpStudy 2011 选择组件界面

（5）单击"下一步"按钮，选择开始菜单文件夹，如图 1-13 所示。

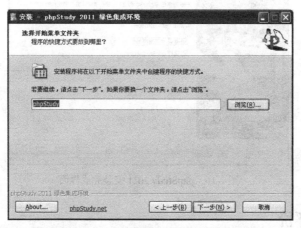

图 1-13 phpStudy 2011 选择开始菜单文件夹界面

（6）单击"下一步"按钮，准备安装，如图 1-14 所示。

13

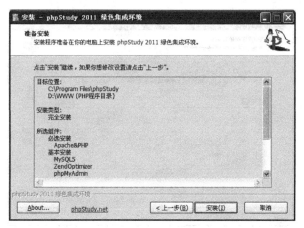

图 1-14 phpStudy 2011 准备安装界面

（7）单击"安装"按钮，开始安装，如图 1-15 和图 1-16 所示，安装完成出现提示窗口。

图 1-15 phpStudy 2011 正在安装界面

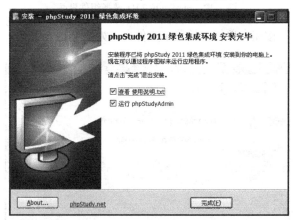

图 1-16 phpStudy 2011 安装完成界面

1.2.4 任务评价

本任务的考核以是否能完成网站开发软件 Photoshop CS5、Dreamweaver CS5 和 phpStudy 2011 的正确安装为最终考核标准，考核的主要内容是了解常用的 PHP 网站开发工具软件，并掌握其安装步骤，完成网站开发软件的安装。表 1-5 所示为本任务考核标准。

表 1-5　　　　　　　　　　　　　　　　本任务考核标准

评 分 项 目	评 分 标 准	分　值	比　例
phpStudy 2011 软件安装	能够正确下载 phpStudy 2011 软件，正确安装 phpStudy2011 工具软件	50～35 分	50%
	能够正确下载 phpStudy 2011 软件，基本正确安装 phpStudy 2011 工具软件	35～15 分	
	能够正确下载 phpStudy 2011 软件，在指导教师帮助下能够正确安装 phpStudy 2011 工具软件	15～0 分	
任务过程	根据任务实施过程的态度、团队协作、拓展能力和创新能力等方面进行考核	酌情打分	20%
知识掌握	（1）掌握 Adobe Photoshop CS5 软件的安装 （2）掌握 Adobe Dreamweaver CS5 软件的安装 （3）掌握 phpStudy 2011 软件的安装	酌情打分	20%
任务完成时间	在规定时间内完成任务者得满分，每推迟半小时扣 5 分	0～10	10%
总计		100	100%

1.2.5　任务小结

本任务概括性地介绍了几款网站开发工具的功能，并对其安装过程进行了详细描述，通过本任务的学习，大家可以顺利地搭建网站开发环境，为后面教育网站的具体开发奠定基础。

1.3　任务三　HTML 认识

1.3.1　任务描述

HTML（Hyper Text Mark-up Language）即超文本标记语言，是一种通用的 Web 页面描述语言。HTML 语言是由 HTML 标记组成的描述性文本，HTML 标记可以说明文字、图形、动画、声音、表格、链接等。本任务通过学习 HTML 语言文档格式及常用的 HTML 标记等内容，最终完成一个简单的网页制作。

1.3.2　相关知识

1．HTML 语言

HTML 是超文本标记语言（Hyper Text Mark-up Language）的简称，是一种简单易学、与操作系统平台无关的通用页面描述语言。自 1990 年以来，HTML 就一直被用作 WWW（Word Wide Web）上的信息表示语言，用于描述网页的格式设计和它与 WWW 上其他网页的连接信息。

2．HTML 文档的基本结构

```
<!HTML 网页版本信息说明>
  <html>
    <head>
      <title>网页标题</title>
```

```
    </head>
    <body>
        网页内容
    </body>
</html>
```

【说明】

① HTML 文件以<HTML>开头，以</HTML>结尾。

② <HEAD>…</HEAD>：表示这是网页的头部，用来说明文件命名和与文件本身的相关信息。可以包括网页的标题部分：<TITLE>…</TITLE>。

③ <BODY>…</BODY>：表示网页的主体即正文部分。

④ HTML 语言并不要求在书写时缩进，但为了程序的易读性，建议网页设计制作者使标记的首尾对齐，内部的内容向右缩进几格。

3．HTML 文档常用标记

（1）排版标记。

常见的排版标记为<!--注解-->、<p>、
、<hr>、<center>。

<!--注解-->：像很多电脑语言一样，HTML 文件亦提供注解功能。浏览器会忽略此标记中的文字（可以是很多行）而不做显示。

<p>：称为段落标记。作用：为字、画、表格等之间留一空白行。

例 1-1：使用<p>标记对段落进行换行。代码如下所示，实例源文件位于本书素材文件中的"第 1 章源码\1-1.html"，效果如图 1-17 所示。

```
<p>这是段落标记 p</p>
<p>这是段落标记 p</p>
```


：称为换行标记。作用：令字、画、表格等显示于下一行。

例 1-2：使用
标记对段落进行换行。代码如下所示，实例源文件位于本书素材文件中的"第 1 章源码\1-2.html"效果如图 1-18 所示。

```
<br>这是段落标记 br</br>
<br>这是段落标记 br</br>
```

图 1-17　使用<p>标记对段落进行换行　　　　图 1-18　使用
标记对段落进行换行

<hr>：称为水平线。作用：插入一条水平线。

例 1-3：添加一个水平线。实例源文件位于本书素材文件中的"第 1 章源码\1-3.html"，效果如图 1-19 所示。

```
<hr align="left"size="4"width="70%"color="#008000">
```

<center>：称为居中标记。作用：令字、画、表格等显示于中间。

例 1-4：对文字居中排版。实例源文件位于本书素材文件中的"第 1 章源码\1-4.html"，效果

如图 1-20 所示。

```
<center>文本居中对齐</center>
```

图 1-19 添加一条水平线 图 1-20 对文字居中排版

（2）字体标记。

常用的字体标记为\<font\>、\<h1\>、\<h2\>、\<h3\>、\<h4\>、\<h5\>、\<h6\>、\<strong\>、\<b\>等。

\<font\>：可以用\<font\>这个元素及其属性来设定字体的大小、颜色和字体风格。

例 1-5：用字体大小属性（size）来设定字体的大小。实例源文件位于本书素材文件中的"第 1 章源码\1-5.html"，效果如图 1-21 所示。

```
<p><font size="2">这一段的字体大小的值是2。</font></p>
```

例 1-6：用 face 属性来设定字体风格。实例源文件位于本书素材文件中的"第 1 章源码\1-6.html"，如图 1-22 所示。

```
<p><font face="黑体">这一段体字为黑</font></p>
```

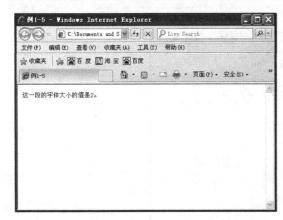

图 1-21 用字体大小属性（size）来设定字体的大小 图 1-22 用 face 属性来设定字体风格

例 1-7：用颜色属性（color）来设定字体颜色。实例源文件位于本书素材文件中的"第 1 章源码\1-7.html"，效果如图 1-23 所示。

```
<p><font color="#FF0000">这一段的字体颜色是红色</font></p>
```

\<h1\>、\<h2\>、\<h3\>、\<h4\>、\<h5\>、\<h6\>：这些是标题标记，由\<h1\>～\<h6\>变粗、变大、加宽的程度逐渐减小。每个标题标记所标示的字句将独占一行且上下留一空白行。

例 1-8：使用\<h1\>～\<h6\>修饰标题，实例源文件位于本书素材文件中的"第 1 章源码

\1-8.html"，效果如图 1-24 所示。

```
<h1>Header Level 1</h1>
<h2>Header Level 2</h2>
<h4>Header Level 4</h4>
<h5>Header Level 5</h5>
<h6>Header Level 6</h6>
```

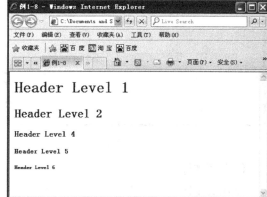

图 1-23　用颜色属性（color）来设定字体颜色　　　　图 1-24　使用<h1>～<h6>修饰标题

<strong>和<b>：两者皆能产生字体加粗的效果，但必须注意的是，当文件被设为 gb2312 Encoding 时，两者所标示的中文字不会在 Netscape Netvigator 中显示粗体效果。

例 1-9：使用<strong>和<b>标记修饰文字，实例源文件位于本书素材文件中的"第 1 章源码 \1-9.html"效果如图 1-25 所示。

```
<p>这是一段文字</p>
<br><strong>这是一段文字</strong>
<br><b>这是一段文字</b>
```

图 1-25　使用<strong>和<b>标记修饰文字

（3）清单标记。

常用的清单标记为<ol>、<li>、<ul>。

<ol>称为顺序清单标记。所谓顺序清单，就是在每一项前面加上 1、2、3…等数目，又称编号清单。<li>则用以标示清单项目。

例 1-10：对文字添加编号。实例源文件位于本书素材文件中的"第 1 章源码\1-10.html"，效

果如图 1-26 所示。

```
直辖市：
<ol>
<li>北京
<li>上海
<li>重庆
</ol>
```

<ul>称为无序清单标记。所谓无序清单，就是在每一项前面加上●、○、■等符号，故又称符号清单。

例 1-11：对文字添加项目符号。实例源文件位于本书素材文件中的"第 1 章源码\1-11.html"，效果如图 1-27 所示。

```
直辖市：
<ul>
<li>北京
<li>上海
<li>重庆
</ul>
```

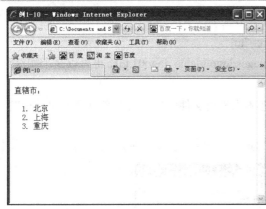

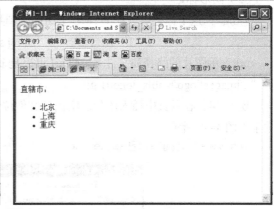

图 1-26　对文字添加编号　　　　　　　　　　　图 1-27　对文字添加项目符号

（4）表格标记。

常用的表格标记为<table>、<tr>、<td>。

<table>、<tr>、<td>：HTML 表格用<table>表示。一个表格可以分成很多行（row），用<tr>表示；每行又可以分成很多单元格（cell），用<td>表示。

这 3 个标记是创建表格最常用的标记。

例 1-12：在网页中添加一个一行两列的表格。实例源文件位于本书素材文件中的"第 1 章源码\1-12.html"，效果如图 1-28 所示。

```
<table width="60%"border="5"bordercolorlight="#FF00FF"bordercolordark="#FF0000">
<tr><td>第一列第一栏</td><td>第一列第二栏</td></tr>
</table>
```

例 1-13：在网页中添加一个两行两列的表格。实例源文件位于本书素材文件中的"第 1 章源码\1-13.html"，效果如图 1-29 所示。

```
<table width="60%"border="1"cellpadding="10">
    <tr>
<td bgcolor="#FFCCE6">第一列第一栏</td>
<td bgcolor="#FFFFC6">第一列第二栏</td>
    </tr>
    <tr>
<td bgcolor="#FFD9FF">第二列第一栏</td>
<td bgcolor="#DAB4B4">第二列第二栏</td>
    </tr>
</table>
```

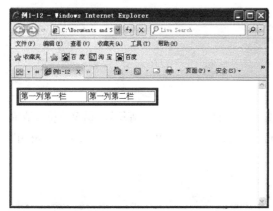

图 1-28　在网页中添加一个一行两列的表格

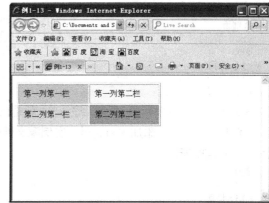

图 1-29　在网页中添加一个两行两列的表格

（5）图形标记。

<img>：这个标记可以在 HTML 里面插入图片。最基本的语法如下：

<img src="url">

url 表示图片的路径和文件名。如 url 可以是 images/logo/blabla_logo01.gif，也可以是个相对路径 "../images/logo/blabla_logo01.gif"。

例 1-14：在网页中插入图片。实例源文件位于本书素材文件中的"第 1 章源码\1-14.html"，效果如图 1-30 所示。

```
<img src="1.jpg"alt="smile face">
```

图 1-30　在网页中插入图片

（6）链接标记。

HTML 用<a>来表示超链接。

<a>可以指向任何一个文件源：一个 HTML 网页、一个图片、一个影视文件等。用法如下：

<a href="1.jpg">链接的显示文字</a>

点击<a></a>当中的内容，即可打开一个链接文件，href 属性则表示这个链接文件的路径。

例 1-15：在网页中插入一个超级链接。实例源文件位于本书素材文件中的"第 1 章源码 \1-15.html"，效果如图 1-31 所示。

```
<a href="http://www.baidu.coml"target=_blank>百度</a>
```

（7）多媒体标记。

<bgsound>用于插入背景音乐，但只适用于 IE。

例 1-16：在网页中插入背景音乐。实例源文件位于本书素材文件中的"第 1 章源码 \1-16.html"，效果如图 1-32 所示。

```
<bgsound src="your.mid"autostart=true loop=infinite>
```

图 1-31　在网页中插入一个超级链接

图 1-32　在网页中插入背景音乐

（8）其他标记。

<marquee>用于创建一个滚动的文本字幕。

例 1-17：创建由左向右的滚动字幕，移动速度为每 200 毫秒飞像素。实例源文件位于本书素材文件中的"第 1 章源码\1-17.html"，效果如图 1-33 所示。

```
<marquee direction=right behavior=scroll scrollamount=U scrolldelay=200>这是一个滚动字幕。</marquee>
```

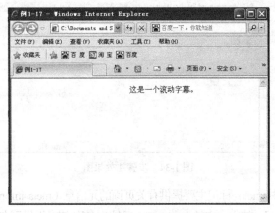

图 1-33　创建由左向右的滚动字幕

（9）特殊字符。

HTML 中的特殊字符如表 1-6 所示。

表 1-6 HTML 特殊字符一览表

HTML 原始码	显 示 结 果	描 述
&lt;	<	小于号或显示标记
&gt;	>	大于号或显示标记
&amp;	&	可用于显示其他特殊字符
&quot;	"	引号
&reg;	?	己注册
&copy;	?	版权
&trade;	?	商标
		半方大的空白
		全方大的空白
		不断行的空白

1.3.3 任务实施

1. 编辑 HTML 文档基本结构

打开记事本，在记事本编辑 HTML 文档基本结构，保存文件并名为"任务三.html"。实例源文件位于本书素材文件中的"第 1 章源码\1-18.html"，效果如图 1-34 所示。

```
<html xmlns="http://www.w3.org/1999/xhtml">
  <head>
  <meta  http-equiv="Content-Type"content="text/html;charset=gb2312"/>
<title>我的第一个网页</title>
</head>
  <body>
    </body>
</html>
```

图 1-34　步骤 1 效果图

注意：HTML 语言中<meta>标记主要提供有关页面的元信息（meta-information），如针对搜索引擎和更新频度的描述和关键词。其中，它的 http-equiv 属性为名称/值对提供了名称，并指示服务器在发送实际的文档之前先在要传送给浏览器的 MIME 文档头部包含名称/值对。content 属性提供了名称/值对中的值。该值可以是任何有效的字符串。content 属性始终要和 name 属性或 http-equiv 属性一起使用。

2．网页布局

使用表格对网页进行布局。在<body>…</body>标记中添加以下表格代码，对页面进行布局，效果如图 1-35 所示。

```
<table width="90%"height="376"border="0"align="center">
   <tr>
     <td width="50%"height="148">
     </td>
     <td width="50%"rowspan="2">
     </td>
</tr>
<tr>
       <td>
     </td>
     </tr>
</table>
```

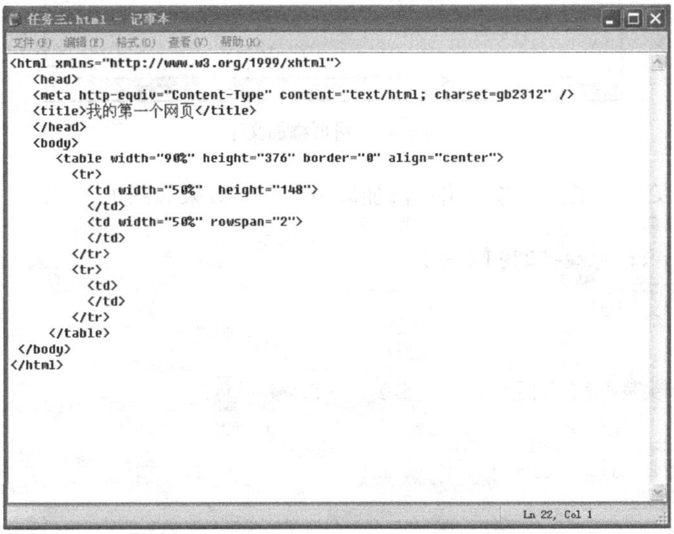

图 1-35　步骤 2 效果图

3．网页中插入文字

（1）在表格中第一行第一个列单元格中添加以下代码，效果如图 1-36 所示。

```
<p align="center">
<font  size="5"color=green>
    <strong>《登岳阳楼》</strong>
</font>
<br/>
<br/>
<font size="2">作者：杜甫
</font>
<br/>
<br/>
昔闻洞庭水，今上岳阳楼。
<br/>
<br/>
吴楚东南坼，乾坤日夜浮。
<br/>
<br/>
```

```
亲朋无一字，老病有孤舟。
<br/>
<br/>
戎马关山北，凭轩涕泗流。
</p>
<p align="center">
 
</p>
```

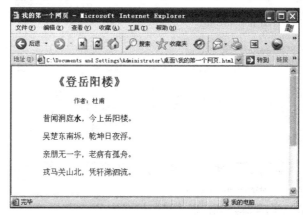

图 1-36　网页添加文字

（2）在表格中第一行第二个单元格中添加以下代码，效果如图 1-37 所示。

```
<p align="left">
<font color=green size="2">【注释】:
</font>
<font size="2">
<ol>
<font size="2">
    <li>吴楚句：吴楚两地在我国东南；坼：分裂。</li>
</font>
<font size="2">
    <li>乾坤：指日、月。</li>
</font>
<font size="2">
    <li>戎马：指战争。</li>
</font>
<font size="2">
    <li>关山北：北方边境。</li>
</font>
<font size="2">
    <li>凭轩：靠着窗户。</li>
</font>
    </ol>
</font>
</p>
<p align="left">
<font color=green size="2">
</font>
<font size="2"color="green">【韵译】:</font>
<font size="2">
<br/>
<br/>
    很早听过名扬海内的洞庭湖，今日有幸登上湖边的岳阳楼。
<br/>
<br/>
    大湖浩瀚像把吴楚东南隔开，天地像在湖面日夜荡漾漂浮。
```

```
<br/>
<br/>
　　　　漂泊江湖亲朋故旧不寄一字，年老体弱生活在这一叶孤舟。
<br/>
<br/>
　　　　关山以北战争烽火仍未止息，凭窗遥望胸怀家国涕泪交流。
<br/>
<br/>
</font>
 </p>
<p align="left">
<font color=green size="2">
</font>
<font size="2"color="green">
　　【评析】：
</font>
<font size="2">
<p>
    代宗大历三年（768）之后，杜甫出峡漂泊两湖，此诗是登岳阳楼而望故乡，触景
感怀之作。开头写早闻洞庭盛名，然而到暮年才实现目睹名湖的愿望，表面看有初登岳阳楼之喜悦，其实意在抒发早年
抱负至今未能实现之情。二联是写洞庭的浩瀚无边。三联写政治生活坎坷，漂泊天涯，怀才不遇的心情。末联写眼望国
家动荡不安，自己报国无门的哀伤。写景虽只二句，却显技巧精湛，抒情虽暗淡落寞，却吞吐自然，毫不费力。
</p>
</font>
</p>
```

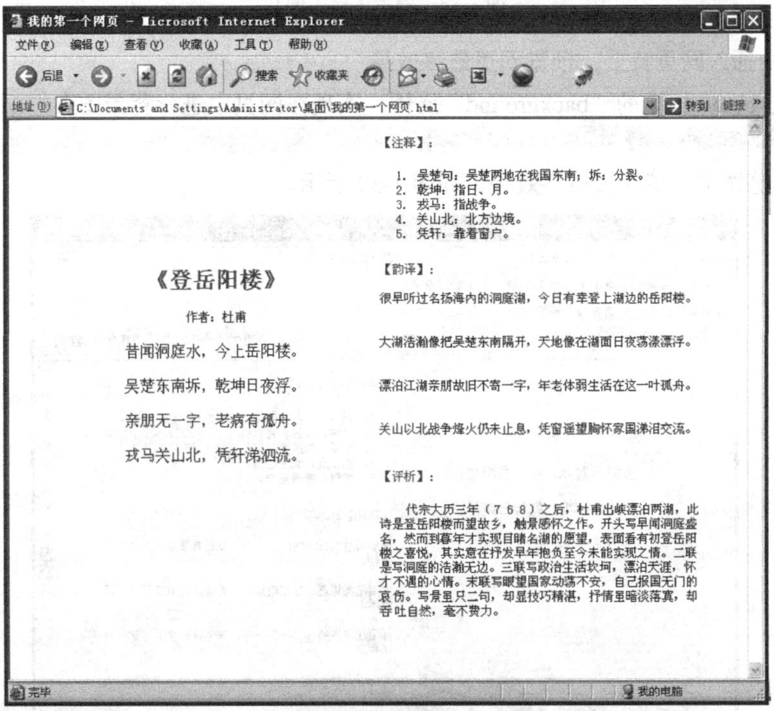

图 1-37　网页添加文字

4．网页中插入图片

在表格中第二行第二列添加图片并居中，代码如下，效果如图 1-39 所示。

```
<center>
   <img src="3.png"width="152"height="247"/>
</center>
```

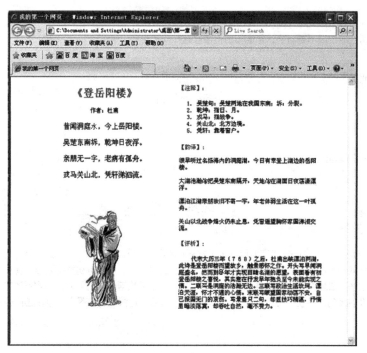

图 1-38　网页中插入图片

5．网页中插入网页背景，预览网页最终效果

（1）设置<body>标记的"background"属性，实现在网页中进行背景图案的添加。

将<body>标记修改为<body background="2.jpg">。

（2）在浏览器中浏览网页最终效果，如图 1-39 所示。

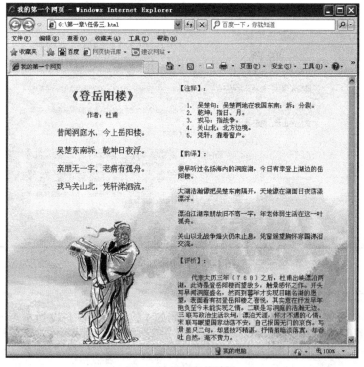

图 1-39　网页最终效果

1.3.4　任务评价

本任务的考核是通过了解 HTML 及其文档结构，熟悉常用的 HTML 标记如文字、图像、表格等进行。最终完成一个简单网页的制作。表 1-7 所示为本任务考核标准。

表 1-7　　　　　　　　　　　　　　　本任务考核标准

评 分 项 目	评 分 标 准	分　值	比　例
HTML 基本格式	能够正确在记事本上输入 HTML 网页基本格式	8～10 分	10%
	能够基本正确在记事本上输入 HTML 网页基本格式	4～7 分	
	在指导教师帮助下能够正确在记事本上输入 HTML 网页基本格式	0～3 分	
页面布局	能够在 HTML 网页基本格式中的正确位置添加<table>、<tr>、<td>标记，进行页面布局	8～10 分	10%
	能够在 HTML 网页基本格式中基本正确地添加<table>、<tr>、<td>标记，进行页面布局	4～7 分	
	在指导教师帮助下能够在 HTML 网页基本格式中基本正确地添加<table>、<tr>、<td>标记，进行页面布局	0～3 分	
添加文字	能够使用<font>、<p>、 等标记进行文本信息添加、修饰排版，并正确在浏览器中显示	16～20 分	20%
	能够基本正确使用<font>、<p>、 等标记进行文本信息添加、修饰排版，但不能正确地在浏览器中显示	8～15 分	
	在指导教师帮助下能够使用<font>、<p>、 等标记进行文本信息添加、修饰排版，并正确地在浏览器中显示	0～7 分	
添加图片	能够使用<img>标记正确在网页中插入图片，并在浏览器中显示出来	8～10 分	10%
	能够使用<img>标记基本正确地在网页中插入图片	4～7 分	
	在指导教师帮助下能够使用<img>标记正确在网页中插入图片，并在浏览器中显示出来	0～3 分	
任务过程	根据任务实施过程的态度、团队协作、拓展能力和创新能力等方面进行考核	酌情打分	20%
知识掌握	（1）熟悉使用 HTML 标记编辑网页方法 （2）掌握 HTML 文档结构 （3）掌握 HTML 常用标记，如文字、图片、表格等标记 （4）能使用 HTML 标记制作简单网页	酌情打分	20%
任务完成时间	在规定时间内完成任务者得满分，每推迟半小时扣 5 分	0～10	10%
总计		100	100%

1.3.5　任务小结

本任务主要通过使用 HTML 语言编辑一个简单的网页来了解 HTML 语言的语法结构、掌握常用的 HTML 标记等内容。最终达到能读懂网页的 HTML 源码文件，为后续的 Dreamweaver CS5 中"代码"文档编辑窗口中 HTML 代码编辑打下基础的目的。

1.4 拓展实训：撰写企业网站规划书

1.4.1 任务描述

平顶山华通胶辊有限公司是一家专业的制辊公司，本任务要求在平顶山华通胶辊有限公司企业网站建设前对市场进行分析，确定网站的目的和功能，并根据需要对网站建设中的技术、内容、费用、测试、维护等做出规划，并完成平顶山华通胶辊有限公司企业网站规划书的撰写。

1.4.2 实训目的

（1）掌握网站开发流程。
（2）了解网站建设规划内容。
（3）完成平顶山华通胶辊有限公司企业网站规划书的撰写。

1.4.3 实训要求

1. 网站策划对网站建设起到计划和指导的作用，对网站的内容和维护起到定位作用。
2. 网站策划书应尽涵盖网站策划中的各个方面，网站策划书的写作要科学、认真、实事求是。
3. 平顶山华通胶辊有限公司企业网站规划书按照企业网站规划书格式进行撰写。

1.4.4 实训评价

本任务评价标准如表 1-8 所示。

评 分 项 目	评 分 标 准	分　值	比　例
网站规划书	网站规划书结构合理、内容正确、图形准确，能够对网站开发有良好的指导作用	40～50 分	50%
	网站规划书结构合理、内容基本正确、图形准确，稍做修改能够对网站开发有良好的指导作用	20～40 分	
	网站规划书还需要进一步修改才能使用	0～20 分	
任务过程	根据任务实施过程的态度、团队协作、拓展能力和创新能力等方面进行考核	酌情打分	20%
知识掌握	（1）熟悉网站开发流程 （2）掌握网站规划书撰写方法 （3）能够撰写网站规划书	酌情打分	20%
任务完成时间	在规定时间内完成任务者得满分，每推迟半小时扣 5 分	0～10 分	10%
总计		100	100%

习题

一、填空题

1. 如果要为网页指定黑色的背景颜色，应使用 html 语句：<body >_____。

2. <hr width=50%>表示创建一条_____的水平线。

3. 在 ol 标记符中，使用_____属性可以控制有序列表的数字序列样式。

4. 请至少说出两种以上的图像处理软件的名称：_____。

5. TITLE 标记符应位于_____标记符之间。

二、单选题

1. WWW 是（　　　）的意思。

   A. 网页　　　　　　　B. 万维网　　　　　　C. 浏览器　　　　　　D. 超文本传输协议

2. 在网页中显示特殊字符，如果要输入 "<"，应使用（　　　）。

   A. lt;　　　　　　　　B. ≪　　　　　　　C. &lt　　　　　　　　D. <

3. 以下有关列表的说法中，错误的是（　　　）。

   A. 有序列表和无序列表可以互相嵌套

   B. 指定嵌套列表时，也可以具体指定项目符号或编号样式

   C. 无序列表应使用 UL 和 LI 标记符进行创建

   D. 在创建列表时，LI 标记符的结束标记符不可省略

4. 以下关于 FONT 标记符的说法中，错误的是（　　　）。

   A. 可以使用 color 属性指定文字颜色

   B. 可以使用 size 属性指定文字大小（也就是字号）

   C. 指定字号时可以使用 1~7 的数字

   D. 语句<FONT size="+2">这里是 2 号字</FONT>将使文字以 2 号字显示

5. 以下关于 JPEG 图像格式中，错误的是（　　　）。

   A. 适合表现真彩色的照片　　　　　　　　B. 最多可以指定 1024 种颜色

   C. 不能设置透明度　　　　　　　　　　　D. 可以控制压缩比例

三、判断题

1. HTML 标记符的属性一般不区分大小写。　　　　　　　　　　　　　　（　　　）

2. 网站就是一个链接的页面集合。　　　　　　　　　　　　　　　　　　（　　　）

3. 所有的 HTML 标记符都包括开始标记符和结束标记符。　　　　　　　　（　　　）

4. 用 h1 标记符修饰的文字通常比用 h6 标记符修饰的要小。　　　　　　　（　　　）

5. b 标记符表示用粗体显示所包括的文字。　　　　　　　　　　　　　　（　　　）

四、简答题

1. 简述 PHP 网站开发流程。

2. 简述常用的网站开发软件。

3. 什么是 HTML？

第2章

教育网站站点创建和管理

为了便于对制作中的网站进行组织和管理，在使用网站制作软件 Dreamweaver CS5 制作单个页面之前，必须首先创建一个站点，用来存储所有 Web 网站文件和文档，通过对站点的设置，可以方便地实现对网页统一的管理、在服务器上的远程文件管理及文件传输。

2.1 任务一 建立和管理本地站点

2.1.1 任务描述

本任务主要讲述了站点的概念、站点的规划、站点创建和站点管理，其中，在 Dreamweaver CS5 环境中讲述了两种对本地站点的创建以及管理的方法。通过对该任务的学习，可完成对教育网站站点的规划、创建、编辑、复制、删除、导入/导出，以及如何管理站点中的文件等操作。

2.1.2 相关知识

1. 网站开发常用的命名规则

在网站开发过程中，网站中所有文件、文件夹、图片、CSS 类的命名规范，应做到见名知意、容易理解。现将网站开发中常用的命名规则总结如下。

（1）网站文件夹命名规则。

在网站中，与文件紧密相关的另一个部分就是路径，在网站开发中严禁将网站资源统一放在网站根目录下，这样会在后期网站编辑和维护中产生不便。网站资源应该按照事先的规划，按照不同目录进行分类存放。

和文件一样，文件夹的命名方式遵循网页文件的命名规则。文件应通过文件夹进行分类保存。如网站设计与建设过程中所需的图片文件应该存储在"images"文件夹，网站脚本文件，如 JavaScript 文件或 VBScript 文件等，应保存在 "js" 文件夹中。

合理管理网站资源，对于从网站的大量文件中搜索所需文件是十分重要的。另外，具有一定解释意义的路径和文件名也可以大大方便管理者对文件的定位工作。

表 2-1 网站文件夹常用名称

名　　称	说　　明
images(image 或 img)	存放图像文件
flash	存放 flash 文件
themes	存放主题文件
style（css）	存放 CSS 样式表文件
js	存放 JavaScript 脚本文件
video	存放视频文件
sound	存放音频文件
web（page）	存放网页文件
resource	存放资料文件

（2）网站文件命名规则。

网页文件命名规则：对于一个网站来说，网站中所包含的网页文件名非常重要。由于网站站点文件夹最终要上传到网络服务器上，所以站点文件中文件的命名要符合网络服务器命名规则。常见的网络服务器操作系统为：Windows 操作系统、UNIX 操作系统和 Linux 操作系统。UNIX 操作系统中区分英文字母大小写，Windows 操作系统不区分英文字母大小写，而 Linux 操作系统没有太严格的规定，但是在文件命名上趋向于 UNIX 操作系统。

网页文件命名规则。

● 所有的文件名一律使用英文小写；

● 不要使用中文命名；

● 不要在文件名中加入空格；

● 避免在文件名字使用特殊符号，如 "&"、"#" 或者 "？"。

CSS 样式文件常用名称如表 2-2 所示。

表 2-2 CSS 样式文件常用名称

名　　称	说　　明
index.css	主页 CSS 样式表文件
login.css	登录 CSS 样式表文件
pages.css	页面 CSS 样式表文件
layout.css	布局、版面 CSS 样式表文件
font.css	文字 CSS 样式表文件
master.css	主要 CSS 样式表文件
form.css	表单 CSS 样式表文件
menu.css	菜单 CSS 样式表文件
nav.css	导航 CSS 样式表文件
search.css	搜索 CSS 样式表文件
themes.css	主题 CSS 样式表文件

2. 认识 Dreamweaver CS5 的工作界面

Dreamweaver CS5 的工作界面主要由标题栏、菜单栏、"插入"工具栏、"文档"工具栏、"标准"工具栏、文档窗口、"属性"面板、"文件"面板组成，如图 2-1 所示。

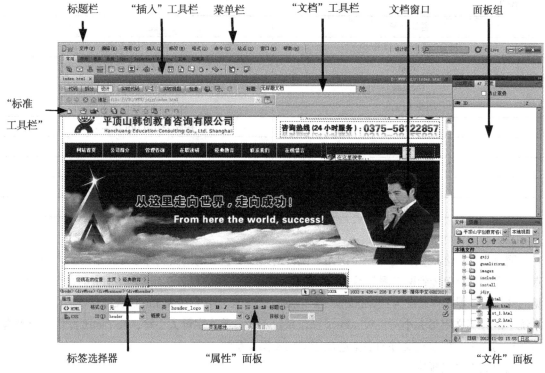

图 2-1　Dreamweaver CS5 工作界面

（1）标题栏。

标题栏显示网页的标题和网页文档的存储位置。

（2）菜单栏。

Dreamweaver CS5 的菜单栏包含 10 类菜单：文件、编辑、查看、插入、修改、格式、命令、站点、窗口和帮助，如图 2-2 所示。

图 2-2　菜单栏

● 文件：用来管理文件，包括创建和保存文件、导入与导出文件、预览和打印文件等。

● 编辑：用来编辑文本，包括撤销与重做、复制与粘贴、查找与替换等。

● 查看：用来查看对象，包括代码的查看、网格线与标尺显示、面板的隐藏和工具栏的显示等。

● 插入：用来插入网页元素，包括插入图像、多媒体、层、框架、表格、表单、电子邮件链接、日期、特殊字符和标签等。

● 修改：用来实现对页面元素修改的功能，包括页面属性、快速标签编辑器、链接、表格、框架、导航条、排列顺序、转换、末班、库和时间轴等。

● 格式：用来对文本进行操作，包括字体、大小、颜色、CSS 样式、段落格式、缩进、凸出、列表、对齐和检查拼写等。

● 命令：收集了所有的附加命令项，包括播放录制命令、编辑命令列表、获取更多命令、扩展管理、套用源格式，清理 XHTML/Word 生成的 HTML、创建网站相册、格式化表格和表格排序。

● 站点：用于创建于管理站点，包括管理站点、新建站点、获取、取出、上传、显示取出者和改变站点范围的链接等。

● 窗口：用于打开与切换所有的面板和窗口，包括插入栏、属性面板、站点窗口和 CSS 样式面板等。

● 帮助：内含 Dreamweaver 帮助、联机注册、Dreamweaver 支持中心和关于 Dreamweaver 等。

（3）"插入"工具栏。

Dreamweaver CS5 "插入"工具栏包含用于创建和插入对象的按钮。通过"插入"工具栏可以在网页中快速插入多种网页元素，如图像、动画、表格、Div 标签、超级链接、表单和表单控件。

"插入"工具栏主要包括常用、布局、表单、数据、Spry、InContext Editing、文本和收藏夹等多种类型。用户在使用时通过工具栏上方的选项卡进行不同类型按钮的切换使用。如图 2-3 所示。

图 2-3　"插入"工具栏

● 常用：创建和插入最常用的对象，例如图像和表格。

● 布局：插入表格、表格元素、div 标签、框架和 Spry Widget。我们还可以选择表格的两种视图：标准（默认）表格和扩展表格。

● 表单：创建表单和插入表单元素（包括 Spry 验证 Widget）。

● 数据：插入 Spry 数据对象和其他动态元素，如记录集、重复区域以及插入记录表单和更新记录表单。

● Spry：包含一些用于构建 Spry 页面的按钮，包括 Spry 数据对象和 Widget。

● jQuery：包含使用 jQuery 移动的构建站点的按钮。

● InContext Editing：包含供生成 InContext 编辑页面的按钮，包括用于可编辑区域、重复区域和管理 CSS 类的按钮。

● 文本：用于插入各种文本格式和列表格式的标签，如 b、em、p、h1 和 ul。

● 收藏夹：用于将"插入"面板中最常用的按钮分组和组织到某一公共位置。

● 服务器代码：仅适用于使用特定服务器语言的页面，这些服务器语言包括 ASP、CFML Basic、CFML Flow、CFML Advanced 和 PHP。这些类别中的每一个都提供了服务器代码对象，用户可以将这些对象插入"代码"视图中。

（4）"文档"工具栏。

"文档"工具栏中包含用于切换文档窗口视图的"代码"、"拆分"、"设计"、"实时视图"按钮、各种查看选项和一些常用操作，如图 2-4 所示。

图 2-4 "文档"工具栏

● 设计视图：一个用于可视化页面布局、可视化编辑和快速应用程序开发的设计环境。在此视图中，Dreamweaver 显示文档的完全可编辑的可视化表示形式，类似于在浏览器中查看页面时看到的内容。

● 代码视图：一个用于编写和编辑 HTML、JavaScript、服务器语言代码（如 PHP 或 ColdFusion 标记语言（CFML）以及任何其他类型代码的手工编码环境。

● 拆分"代码"视图："代码"视图的一种拆分版本，可以通过滚动方式同时对文档的不同部分进行操作。点击"查看"菜单，选择"拆分代码"命令，即可打开拆分"代码"视图。

● 代码和"设计"视图：可以在一个窗口中看到同一文档的"代码"视图和"设计"视图。在工具栏上单击"拆分"按钮，即可打开代码和"设计"视图。

● "实时视图"：类似于"设计"视图，"实时"视图更逼真地显示文档在浏览器中的表示形式，并使用户能够像在浏览器中那样与文档进行交互。"实时"视图不可编辑。但是可以在"代码"视图中进行编辑，然后刷新"实时"视图来查看所做的更改。

● "实时代码"视图：仅当在"实时"视图中查看文档时可用。"实时代码"视图显示浏览器用于执行该页面的实际代码，当用户在"实时"视图中与该页面进行交互时，它可以动态变化。"实时代码"视图不可编辑。

（5）"标准"工具栏。

点击"查看"菜单，选择"工具栏"命令，在弹出的子菜单中选择"标准"项，即可显示标准工具栏。"标准"工具栏中包含网页文档的基本操作按钮，如新建、打开、保存、剪切、复制、粘贴等按钮，如图 2-5 所示。

提示：如果"标准"工具栏处于隐藏状态，可以在已显示工具栏位置单击鼠标右键，弹出如图 2-6 所示的快捷菜单，在该快捷菜单中选择"标准"选项即可显示"标准"工具栏。

图 2-5 "标准"工具栏　　　　　　图 2-6 显示"标准"工具栏的快捷键菜单

（6）文档窗口。

文档窗口也称为文档编辑区，该窗口所显示的内容可以是代码、网页，或者两者的共同体。在"设计视图"中，文档窗口中显示的网页近似于浏览器中显示的效果，如图 2-1 所示。

（7）"属性"面板。

"属性"面板位于文档窗口的下方，用来设置页面上正被编辑内容的属性，可以通过执行"窗口"→"属性"命令或者按【Ctrl+F3】组合键打开或关闭"属性"面板，如图 2-7 所示。

图 2-7 "属性"面板

根据当前选定内容的不同，"属性"面板中所显示的属性也不同，"属性"面板中的内容会随着当前页面中选定的元素发生变化。

（8）面板组。

Dreamweaver CS5 包括多个面板，这些面板都有不同的功能，将它们叠加在一起便形成了面板组，如图 2-8 所示。

Dreamweaver CS5 面板组主要包括"插入"面板、"CSS"面板、"AP 元素"面板、"标签检查器"面板、"文件"面板、"资源"面板、"代码片断"面板等。各个面板可以打开或关闭，平时不用时可以关闭，使用时再通过单击"窗口"菜单下的菜单命令即可，如图 2-9 所示。

图 2-8　面板组

图 2-9　窗口菜单

提示：双击面板的标题就可以实现显示或隐藏面板。

（9）"文件"面板。

网站是多个网页、图像、动画、程序等文件有机联系的整体，要有效地管理这些文件及其联系，需要一个有效的工具，"文件"面板便是这样的工具。点击"窗口"→"文件"命令，可以打开"文件"面板，如图 2-10 所示。

● 站点名称：在站点名称中显示当前正在操作的站点名，通过下拉列表可以选择别的站点并对它进行操作。

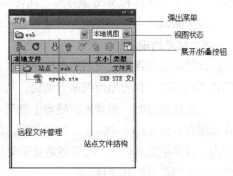

图 2-10　"文件"面板

● 远程文件管理栏：通过该栏可以进行远程文件管理，如远程站点的链接、远程站点文件的刷新、上传、获取等。

● 站点文件结构：以树状列表显示当前站点中的文件结构关系。在该结构图中的选定文件上右击鼠标，通过弹出的快捷菜单命令可对文件进行所有的操作。

● 弹出菜单：单击此按钮，弹出一个命令菜单，通过该菜单可以进行所有的站点操作。

● 视图状态：在视图状态列表中提供网站本地视图、远程视图、测试服务器及地图视图 4 种状态。

● 展开/折叠：单击此按钮可以将"文件"面板折叠或展开。

在"文件"面板中查看站点、文件或文件夹时，可以更改查看区域的大小，还可以展开或折叠"文件"面板。当折叠"文件"面板时，它以文件列表的形式显示本地站点、远程站点、测试服务器或 SVN 库的内容；在展开时，它会显示本地站点和远程站点、测试服务器或 SVN 库中的其中一个。

对于 Dreamweaver 站点，还可以通过更改默认显示在折叠面板中的视图（本地站点或远程站点）来对"文件"面板进行自定义。

提示：选择"窗口"→"文件"菜单命令，或者按下【F8】快捷键，可以显示文件面板。

（10）标签选择器。

在文档窗口底部的状态栏中，显示环绕当前选定内容标签的层次结构，单击该层次结构中的任何标签，可以选择该标签及网页中对应的内容。在标签选择器栏还可以设置网页的显示比例，如图 2-11 所示。

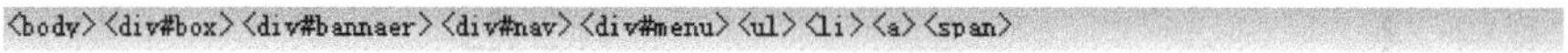

```
<body> <div#box> <div#bannaer> <div#nav> <div#menu> <ul> <li> <a> <span>
```

图 2-11 标签选择器

3．站点的概念

站点是一种文档的磁盘组织形式，由文档和文档所在的文件夹组成。多个网页文档通过各种链接关联起来就构成了站点。站点可以小到一个网页，也可以大到整个网站。

4．Dreamweaver CS5 中站点分类

Dreamweaver CS5 中站点提供了 3 类站点：本地站点、远程站点和测试站点。

（1）本地站点：用于存放用户网页、素材等本地文件夹，是用户工作的目录。在制作一般网页时只建立本地站点即可。

（2）远程站点：可在本地计算机上管理远程 Web 服务器中的文件，也可以通过本地站点和远程站点在本地磁盘和 Web 服务器之间传输文件。

（3）测试站点：主要用于对动态页面进行测试。

5．站点的规划

设计站点前需要先规划站点的结构。站点的规划是指利用不同的文件夹将不同的网页内容分门别类地保存，合理地组织站点结构，从而可提高工作效率，加快对站点的设计。

在制作站点时，通常先在磁盘上创建一个文件夹，将所有在制作过程中创建和编辑的网页内容都保存在该文件夹中。在发布站点时，直接将这些文件夹上传到 Web 服务器上即可。如果站点的内容较多或站点较大，则需要建立子文件夹以存放不同类型的网页内容。如可建立 images 文件夹用于专门存放图片文件。

在站点规划过程中，需使用合理的文件名称、文件夹名称。好的名称容易理解、记忆，应能够表达出网页的内容。在命名时，通常可以采用与其内容相同的英文名称或拼音进行命名，应避免使用长文件名或中文。

注意：有些 Web 服务器对文件命名中的大小写是有区分的，因此，在构建站点时，可将所有

的文件夹和文件都统一用小写的英文字母命名。

2.1.3　任务实施

1. 在 Dreamweaver CS5 中使用向导搭建站点，创建"平顶山韩创教育咨询公司"网站本地站点

（1）在本地硬盘上新建一个文件夹或者选择一个已经存在的文件夹作为站点的文件夹，那么这个文件夹就是本地站点的根目录。

提示：录入站点名称和设置本地站点文件夹时应该按照网站命名规则进行"站点名称"和"本地站点文件夹"命名。

（2）启动 Dreamweaver CS5 程序，在菜单栏中，选择"站点"→"管理站点"菜单项，如图 2-12 所示。

（3）弹出"管理站点"对话框，如图 2-13 所示，单击"新建"按钮。

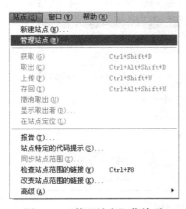

图 2-12　"管理站点"菜单项

图 2-13　"管理站点"对话框

（4）弹出"站点设置对象效果"对话框，在对话框中，选择"站点"选项卡，如图 2-14 所示，"站点名称"文本框中，输入网站站点名称。单击"本地站点文件夹"右侧的■按钮 ，选择准备使用的站点文件夹。

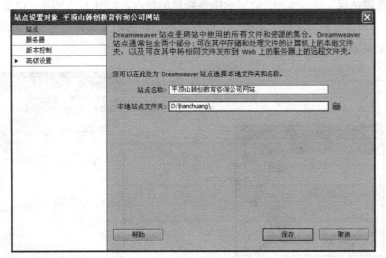

图 2-14　"站点设置对象"对话框

站点名称：输入网站的名称。网站名称显示在站点面板中的站点下拉列表中。站点名称不会在浏览器中显示，因此可以使用喜欢的任何名称。

本地站点文件夹：放置该网站文件、模板以及库的本地文件夹。在文本框中输入一个路径和文件夹名，或者点击右边的文件夹图标选择一个文件夹。如果本地根目录文件夹不存在，那么可以在"选择根文件夹"对话框中创建一个文件夹，然后再选择它。

提示：当 Dreamweaver CS5 在站点中确定相对链接时，是以此目录为标准的。

（5）在图 2-14 左边选择"本地信息"项，如图 2-15 所示。在"默认图像文件夹"文本框输入站点中图像文件夹名称。并可以通过选择"链接相对于"确定网站相对地址。在"Web URL"文本框中输入网站完整网址。

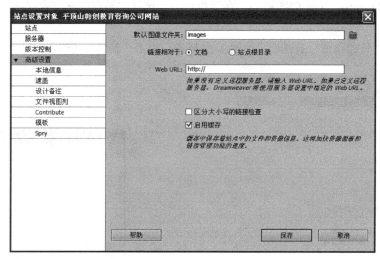

图 2-15　站点设置对象-高级设置

提示：其他项可以根据需要设置，也可以在以后单击"站点"菜单，选择"管理站点"项，在"管理站点"对话框中单击"编辑"按钮，打开"站点设置对象"对话框进行设置。

（6）设置完毕，单击"保存"按钮。

（7）在"管理站点"对话框中，会显示刚刚新建的站点，如图 2-16 所示，单击"完成"按钮。此时，如图 2-17 所示。在"文件"面板中，即可看到创建的站点文件，至此，完成了使用"管理站点"向导搭建站点的操作。

图 2-16　管理站点对话框

图 2-17　创建的站点文件

2．在 Dreamweaver CS5 中导出"平顶山韩创教育咨询公司"网站站点

（1）启动 Dreamweaver CS5，执行"站点"→"管理站点"命令，打开"管理站点"对话框，如图 2-18 所示。

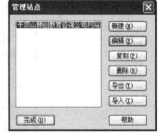

● 站点列表窗口：显示已创建的所有站点名称。

● 新建：单击此按钮，弹出"站点设置对象对话框"，常常使用"站点"选项打开站点创建向导，创建新站点。

● 编辑：在站点列表窗口中选中一个站点后，单击此按钮即可打开其站点创建向导对该站点的参数进行修改。

● 复制：在站点列表窗口中选中一个站点后，单击此按钮可以对该站点进行复制。

图 2-18　管理 Web 站点

● 删除：单击此按钮可以将选定的站点删除。

● 导入/导出：通过导出按钮可以将选定的站点导出为 ste 文件，该文件可以再导入 Dreamwaver 中形成站点，这样就可以将创建的站点在不同的计算机之间进行移动。

（2）选择需要导出的站点：在站点列表窗口中单击需要导出的站点。

（3）在"管理站点"对话框中单击"导出"按钮，打开如图 2-19 所示的"导出站点"对话框，在该对话框中为导出的站点文件命名，如命名为 yuchuang.ste，并选择一个保存位置，然后单击"保存"按钮，即可完成站点的导出。

图 2-19　导出站点

3．在 Dreamweaver CS5 中导入本地网站站点。

当在同一计算机上删除了已经创建好的站点，或在另一台计算机上需要使用曾导出的站点时，需要执行站点的导入操作。

（1）启动 Dreamweaver CS5，执行"站点"→"管理站点"命令，打开"管理站点"对话框。

（2）在"管理站点"对话框中单击"导入"按钮，打开如图 2-20 所示的"导入站点"对话框，在该对话框中选择已导出的"平顶山韩创教育咨询公司"网站站点文件 yuchuang.ste，然后单击"打开"按钮，完成站点的导入。

图 2-20　导入站点

4．编辑站点

（1）启动 Dreamweaver CS5，执行"站点"→"管理站点"命令，打开"管理站点"对话框，如图 2-18 所示。

（2）如选中"平顶山韩创教育咨询公司网站"站点，单击"编辑"按钮，打开"站点设置 Web 对象"对话框，在该对话框中即可对站点信息进行编辑。

5．管理站点

创建好站点后，可在"文件"面板中轻松地管理站点中的文件，如添加文件夹或文件、删除文件夹或文件、重命名文件夹或文件、编辑文件夹或文件等操作。具体操作步骤如下。

（1）新建文件或文件夹。

启动 Dreamweaver CS5，执行"窗口"→"文件"命令，在面板集中打开"文件"面板。在站点名称列表框中选中所需站点，如 yuchuang。在站点文件结构窗口中单击鼠标右键，在弹出的框架菜单中执行"新建文件夹"命令，如图 2-21 所示，会自动在站点根目录下创建一个新的文件夹，如图 2-22 所示。

图 2-21　选择"新建文件夹"

图 2-22　新建文件夹

（2）重命名文件。选中需要重命名的文件夹或文件并单击鼠标右键，在弹出的快捷菜单中选中"编辑"→"重命名"命令，当名称进入改写状态，输入新的名称即可完成修改，如图 2-23

所示。

　　提示：也可以通过快捷键【F2】进行站点文件或文件夹重命名。

　　（3）删除文件夹或文件。通过"文件"面板，可以删除站点中的某个文件或文件夹。选中欲删除的文件或文件夹，单击鼠标右键，在弹出的快捷菜单中选中"编辑"→"删除"命令，在弹出的确认对话框中单击"是"按钮即可，如图 2-24 所示。

图 2-23　重命名文件

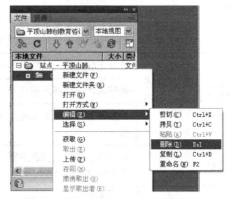
图 2-24　删除文件或文件夹

　　提示：选中文件，直接按【Delete】键也可以实现删除。

6．网站站点删除

　　（1）打开"管理站点"对话框，在站点列表窗口中选中要删除的站点，单击"删除"按钮。

　　（2）系统会弹出提示对话框，提示执行该操作后将不能撤销，如图 2-25 所示。

　　（3）单击"是"按钮确认删除，返回到"管理站点"对话框可以看到该站点已被删除。单击"完成"按钮完成站点的删除操作。

图 2-25　系统提示对话框

　　提示：在"管理站点"窗口中删除站点只是删除 Dreamweaver CS5 同本地站点文件的连接关系，并没有从硬盘上删除本地站点的文件，可以单击"管理站点"窗口中的"新建"按钮重新创建站点。

2.1.4　任务评价

　　本任务的考核是通过平顶山韩创教育咨询网站的网站站点创建的完成结果为最终考核，考核的主要内容是使用 Dreamweaver 创建网站站点的能力，掌握网站站点创建的基本操作，能对已创建的站点进行编辑、复制、删除等站点管理工作，掌握站点文件夹的创建、重命名和删除的基本操作。表 2-3 所示为本任务考核标准。

表 2-3　　　　　　　　　　　　　　　　本任务考核标准

评 分 项 目	评 分 标 准	分　　值	比　　例
"平顶山韩创教育咨询网站"网站站点创建	能够正确地在 Dreamweaver CS5 中创建网站站点	16～20 分	20%
	能够基本正确地在 Dreamweaver CS5 中创建网站站点	8～15 分	
	在指导教师帮助下能够在 Dreamweaver CS5 中创建网站站点	0～7 分	

续表

评分项目	评分标准	分 值	比 例
"平顶山韩创教育咨询网站"网站站点文件夹管理	能够正确地按照网站文件夹命名规则在 Dreamweaver CS5 中创建网站站点文件夹	16～20 分	20%
	能够基本按照网站文件夹命名规则在 Dreamweaver CS5 中创建网站站点文件夹	8～15 分	
	在指导教师帮助下按照网站文件夹命名规则在 Dreamweaver CS5 中创建网站站点文件夹	0～7 分	
"平顶山韩创教育咨询网站"网站站点基本操作	能够正确完成网站站点导入、导出、编辑和删除等操作	8～10 分	10%
	能够基本完成网站站点导入、导出、编辑和删除等操作	3～7 分	
	在指导教师帮助下完成网站站点导入、导出、编辑和删除等操作	0～3 分	
任务过程	根据任务实施过程的态度、团队协作、拓展能力和创新能力等方面进行考核	酌情打分	20%
知识掌握	（1）熟悉 Dreamweaver CS5 工作界面 （2）通过工作界面了解网站站点概念作用 （3）掌握网站开发命名规则	酌情打分	20%
任务完成时间	在规定时间内完成任务者得满分，每推迟半小时扣 5 分	0～10 分	10%
总计		100	100%

2.1.5 任务小结

通过本任务的学习，掌握 Dreamweaver CS5 中本地站点创建和管理基本操作，掌握站点文件和文件夹的命名规则，掌握 Dreamweaver CS5 中站点文件夹和文件的创建和管理基本操作，完成"平顶山韩创教育咨询公司"网站站点创建和管理操作。

2.2 任务二 建立和管理远程站点

2.2.1 任务描述

在对网站站点的概念和功能有了一定了解的基础上，本任务说明如何使用 Dreamweaver CS5 设置远程站点，并完成平顶山韩创教育咨询公司网站远程站点建立和管理操作。

2.2.2 相关知识

使用 Dreamwever CS5 建立和管理远程站点前需要现在互联网上进行域名注册和申请网站空间。

1．网站空间

网站空间（Webhost）主要指存放网站内容的空间。网站空间也称为虚拟主机空间，通常企业做网站都不会自己架服务器，而是选择以虚拟主机空间做为放置网站内容的网站空间。网站空间指能存放网站文件和资料，包括文字、文档、数据库、网站的页面、图片等文件的容量。

网络上提供的网站空间有两种形式：收费网站空间和免费的网上空间。收费的网站空间提供的服务更全面一些，主要体现在提供的空间容量更大、支持应用程序技术、提供数据库空间等；免费网站空间不支持应用程序技术和数据库技术。

2．域名

域名（Domain Name）是由一串用点分隔的名字组成的 Internet 上某一台计算机或计算机组的名称，用于在数据传输时标识计算机的电子方位（有时也指地理位置）。域名是由若干英文字母和数字组成，由"."分隔成几部分，如 www.baidu.com 就是域名。一个域名的目的是便于记忆和沟通的一组服务器的地址（网站、电子邮件、FTP 等），因此域名的字符组成要便于记忆。

域名分国内域名和国际域名两种，国内域名由中国互联网中心（http://www.cnnic.net.cn）管理和注册。注册申请域名首先在线填写申请表，收到确认信息后，提交申请表、交费。国际域名主要申请网址为 http://networksolutions.com。

3．申请免费网站空间与注册域名。

（1）在 www.3v.cm 网站上申请一个免费的网站空间，在免费空间申请页面。进入用户协议条款界面，如图 2-26 所示。

图 2-26 用户协议条款界面

（2）单击"同意"按钮，进入用户名注册界面，如图 2-27 所示。

（3）选择用户名、空间类型后，单击"下一步"按钮，进入会员注册信息填写界面，在这个界面中填写用户个人信息，如图 2-28 所示。

图 2-27　用户名注册界面

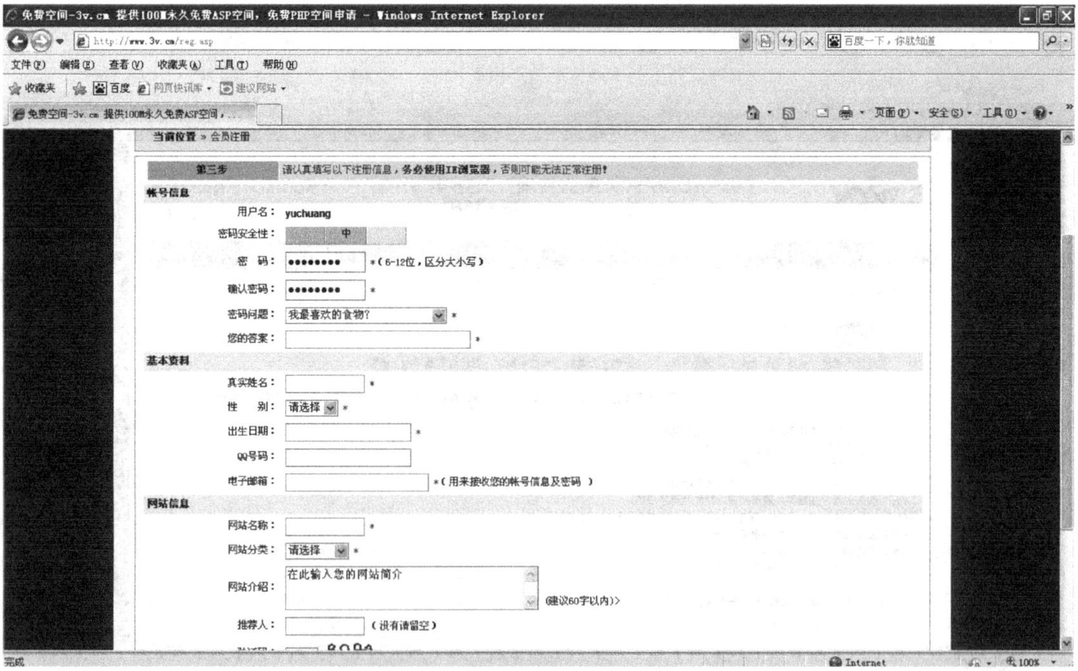

图 2-28　会员注册信息填写界面

（4）填写完成后，单击"下一步"按钮，进入注册成功界面，获取网站空间用户名、密码、域名、FTP 服务器地址，为后续远程站点创建及管理奠定基础，如图 2-29 所示。

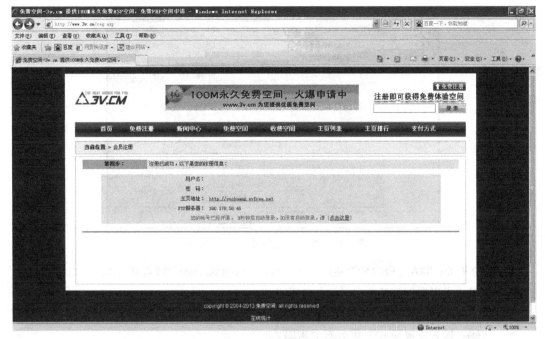

图 2-29　注册成功界面

2.2.3　任务实施

（1）单击"站点"菜单，选择"管理站点"项。打开"管理站点"对话框，如图 2-30 所示。

（2）在 Dreamweaver CS5 中选择已建立好的"平顶山韩创教育咨询公司"网站站点，单击"编辑"按钮，弹出"站点设置对象 Web"对话框。在对话框左侧选择"服务器"项，如图 2-31 所示。

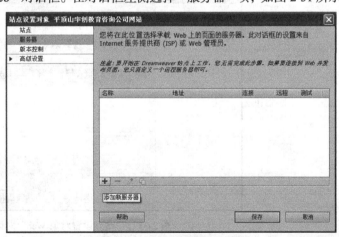

图 2-30　管理站点　　　　　　　　　图 2-31　"站点设置对象"Web 对话框

（3）单击"添加新服务器（＋）"按钮，在"站点设置对象"Web 对话框中打开新的对话框，如图 2-32 所示。在"基本"选项卡界面上填写已申请好的"服务器名称"、"连接方法"、"FTP 地址"、"用户名"、"密码"、"根目录"、"Web URL"等文本框内容。

● 服务器名称：由上传者自己起名。

● 连接方法：选择"FTP"。

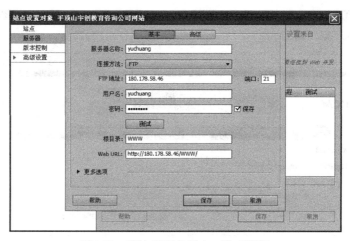

图 2-32　"添加新服务器（ + ）"对话框

● FTP 地址：输入远程的 FTP 主机名称，如 www.website.com，或者 IP 地址：203.171.236.155。

● 端口：可以根据服务器提供商的要求来填写。

● 用户名：输入连接到 FTP 服务器的注册名。

● 密码：输入连接到 FTP 服务器的密码。

● 测试：单击"测试"按钮可以检查是否能够成功连接到服务器上。如果不能，则请修改前面的选项。

● 根目录：输入远程服务器上存放网站的目录。

　Web URL：输入 URL 地址，如 http://www.website.com/web/。

（4）设置完成后，单击"保存"按钮，返回到"站点设置对象"Web 对话框，如图 2-33 所示。

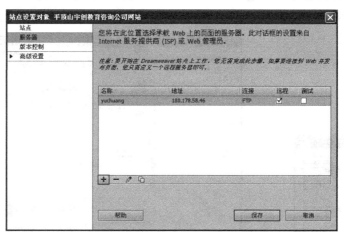

图 2-33　"站点设置对象 Web"对话框

（5）单击"保存"按钮，即可完成设置。使用本地站点连接好远程服务器以后，在站点面板中就可以对文件进行上传、下载操作了。

2.2.4　任务评价

本任务的考核是通过平顶山韩创教育咨询网站的远程站点创建和管理的完成结果为最终考核

标准，考核的主要内容是使用 Dreamweaver 进行远程站点创建和管理，了解网站空间、域名，熟悉网站空间的申请操作。表 2-4 所示为本任务考核标准。

表 2-4　　　　　　　　　　　　　　　本任务考核标准

评 分 项 目	评 分 标 准	分 值	比 例
"平顶山韩创教育咨询网站"远程站点建立和管理	能够正确在 Dreamweaver CS5 中使用"管理站点"对话框创建与管理远程站点	31～50 分	50%
	能够基本正确在 Dreamweaver CS5 中使用"管理站点"对话框创建与管理远程站点	11～30 分	
	在指导教师帮助下能够在 Dreamweaver CS5 中使用"管理站点"对话框创建与管理远程站点	0～10 分	
任务过程	根据任务实施过程的态度、团队协作、拓展能力和创新能力等方面进行考核	酌情打分	20%
知识掌握	（1）了解网站空间、域名 （2）熟悉网站空间申请步骤 （3）掌握通过 Dreamweaver CS5 创建和管理远程站点	酌情打分	20%
任务完成时间	在规定时间内完成任务者得满分，每推迟半小时扣 5 分	0～10 分	10%
总计		100	100%

2.2.5　任务小结

在本次任务中，远程站点是用现有的本地站点信息而进行创建与管理，通过本任务掌握通过 Dreamweaver CS5 创建和管理远程站点的步骤，并能正确创建和管理远程站点。

2.3　拓展实训：建立和管理企业网站的本地站点

2.3.1　任务描述

在 Dreamweaver CS5 中创建和管理"平顶山华通胶辊有限公司"企业网站本地站点。

2.3.2　实训目的

（1）掌握网站站点规划。
（2）掌握本地站点创建和管理基本操作。
（3）完成"平顶山华通胶辊有限公司"企业网站本地站点创建和管理。

2.3.3　实训要求

（1）按照正确操作步骤在 Dreamweaver CS5 中创建"平顶山华通胶辊有限公司"企业网站本地站点。
（2）在"文件"面板中对站点文件夹进行管理：创建图片、CSS 样式表文件夹，并能按照网站开发命名规则正确命名。
（3）能通过"管理站点"菜单选项进行网站站点导出和导入操作。

2.3.4 实训考核

本任务评价标准如表 2-5 所示。

表 2-5 　　　　　　　　　　　　　本任务评价标准

评分项目	评分标准	分　值	比　例
"平顶山华通胶辊有限公司"企业网站本地站点创建	能够正确地在 Dreamweaver CS5 中创建网站站点	16~20 分	20%
	能够基本正确地在 Dreamweaver CS5 中创建网站站点	8~15 分	
	在指导教师帮助下能够在 Dreamweaver CS5 中创建网站站点	0~7 分	
"平顶山华通胶辊有限公司"企业网站站点文件夹管理	能够正确按照网站文件夹命名规则在 Dreamweaver CS5 中创建网站站点文件夹	16~20 分	20%
	能够基本按照网站文件夹命名规则在 Dreamweaver CS5 中创建网站站点文件夹	8~15 分	
	在指导教师帮助下按照网站文件夹命名规则在 Dreamweaver CS5 中创建网站站点文件夹	0~7 分	
"平顶山华通胶辊有限公司"企业网站站点基本操作	能够正确完成网站站点导入、导出、编辑和删除等操作	8~10 分	10%
	能够基本完成网站站点导入、导出、编辑和删除等操作	3~7 分	
	在指导教师帮助下完成网站站点导入、导出、编辑和删除等操作	0~3 分	
任务过程	根据任务实施过程的态度、团队协作、拓展能力和创新能力等方面进行考核	酌情打分	20%
知识掌握	（1）熟悉 Dreamweaver CS5 （2）通过工作界面了解网站站点概念作用 （3）掌握网站开发命名规则	酌情打分	20%
任务完成时间	在规定时间内完成任务者得满分，每推迟半小时扣 5 分	0~10 分	10%
总计		100	100%

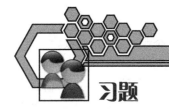

习题

一、填空题

1. 通过"站点"→_____命令可打开"管理站点"对话框对站点进行编辑。

2. 在站点中建立一个文件，它的扩展名应是_____。

3. 定义站点时，存放网页的默认文件夹为_____。

4. 搭建站点一般有两种方式_____和_____。

5. 放置在本地磁盘上的网站称为（本地站点），处于 Internet 上 Web 服务器里的网站被称为_____。

6. _____也是一种文档的磁盘存储形式，它同样是由文档和文档所在的文件夹组成的。

二、选择题

1. 通过_____面板可以检查、设置和修改所选对象的属性。（　　）

A. 属性　　　　　　　B. 插入　　　　　　　C. 资源　　　　　　　D. 文件

2. 新建网页文档的快捷键是（　　　　）。

A. Ctrl+C　　　　　　B. Ctrl+N　　　　　　C. Ctrl+V　　　　　　D. Ctrl+O

3. 下面关于设计网站的结构的说法错误的是（　　　　　　　）。

A. 按照模块功能的不同分别创建网页，将相关的网页放在一个文件夹中

B. 必要时应建立子文件夹

C. 尽量将图像和动画文件放在一个文件夹中

D. "本地文件"和"远程站点"最好不要使用相同的结构

4. 下面哪些操作不可以在"文件"面板中完成（　　　）。

A. 创建新文件　　　　　　　　　　B. 显示站点地图

C. 文件的移动和删除　　　　　　　D. 复制站点

5. 使用 Dreamweaver8 创建网站的叙述，不正确的是（　　　　）。

A. 站点的命名最好用英文或英文和数字组合

B. 网页文件应按照分类分别存入不同文件夹

C. 必须首先创建站点，网页文件才能够创建

D. 静态文件的默认扩展名为.htm 或.html

6. 下列_____是 Dreamweaver CS5 中样式表文件的扩展名。（　　　）

A. .dwt　　　　　　B. .css　　　　　　C. .lbi　　　　　　D. .cop

7. 下列_____是 Dreamweaver CS5 中模板文件的扩展名。（　　　）

A. .dwt　　　　　　B. .htm　　　　　　C. .lbi　　　　　　D. .cop

8. 关于绝对路径的使用，以下说法错误的是（　　　　）。

A. 绝对路径是指包括服务器规范在内的完全路径，通常使用 http:// 来表示

B. 绝对路径不管源文件在什么位置都可以非常精确地找到

C. 如果希望链接其他站点上的内容，就必须使用绝对路径

D. 使用绝对路径的链接不能链接本站点的文件，要链接本站点文件只能使用相对路径

9. 在建立站点目录时，以下说法正确的是（　　　）。

A. 目录的层次不能太浅　　　　　　B. 按文件的类型建立不同的子目录

C. 目录名称尽量用中文　　　　　　D. 可以将所用文件存放在根目录下

10. 要想编辑、复制或者导入站点时，可以执行"站点"→"___"命令就可以打开对话框进行操作了。（　　　）

A. 同步站点管理　　B. 新建站点　　C. 管理站点　　D. 高级

三、判断题

1. 一般来说，整个站点就是一个大的文件夹。　　　　　　　　　　　　（　　　）

2. 站点中的文件夹可以使用中文名称。　　　　　　　　　　　　　　　（　　　）

四、简答题

1. 单击什么按钮可以打开站点管理器？

2. 站点管理器有哪些功能？

3. 描述一下创建站点的步骤。

4. 如何创建空白页面？

第3章

美工设计网站页面（Photoshop）

网站页面的整体设计，包括网站页面平面效果图设计、网页图像元素制作、网站按钮、logo、导航条等的制作，是网站开发流程网站中的一个重要环节。而现今网站开发过程中常用的平面图形处理软件为 Adobe Photoshop，它是当今世界上最为流行的图像处理软件，其强大的功能和友好的界面深受广大用户的喜爱。

本章主要讲解使用 Adobe Photoshop CS5 工具软件完成"平顶山韩创教育咨询公司"网站页面平面效果图、网页图像元素制作、网站按钮、logo、导航条等的制作步骤。

3.1 任务一 教育网站版面设计

3.1.1 任务描述

网站首页设计是整个网站设计的重中之重，因为它直观地向浏览者传递公司的形象等信息，所以对它的要求很高。网站首页在 Dreamweaver 制作以前，需要由网页设计师在 Photoshop 或 Fireworks 等平面处理软件先制作出网站首页的平面效果图，网站开发人员再通过切片技术把平面图转换成网页。本任务主要使用 Photoshop CS5 完成"平顶山韩创教育咨询有限公司"网站网页平面效果图制作。

3.1.2 相关知识

1. 网站页面效果图设计

完整的网站设计大体可以分两大部分，静态（界面）部分和动态（互动功能）部分。静态页面设计的流程，如图 3-1 所示。

2. 网页版面布局

网站设计者在确定了网站栏目、链接结构和网站整体风格之后，就可以正式动手制作页面了。制作页面的第一步是网页版面布局。在网络中常见的网页版面布局有以下类型。

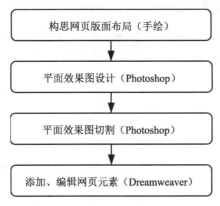

图 3-1　静态页面设计的流程

（1）"国"字型。

"国"字型也可以称为"同"字型，是一些大型网站所喜欢的类型，即最上面是网站的标题以及横幅广告条，接下来就是网站的主要内容，左右分列两小条内容，中间是主要部分，与左右一起罗列到底，最下面是网站的一些基本信息，如联系方式、版权声明等，如图 3-2 所示。

图 3-2　"国"字型

（2）标题正文型。

标题正文型最上面是标题或类似的一些东西，下面是正文，如一些文章页面或注册页面等就是这类，如图 3-3 所示。

（3）"T"结构布局。

所谓"T"结构布局，就是指网页上边和左边相结合，页面顶部为横条网站标志和广告条，左下方为主菜单，右面显示内容，这是网页设计中用得最广泛的一种布局方式。在实际设计中还可以改变"T"结构布局的形式，如左右两栏式布局，一半是正文，另一半是形象的图片、导航；或正文不等两栏式布置，通过背景色区分，分别放置图片和文字等，如图 3-4 所示。

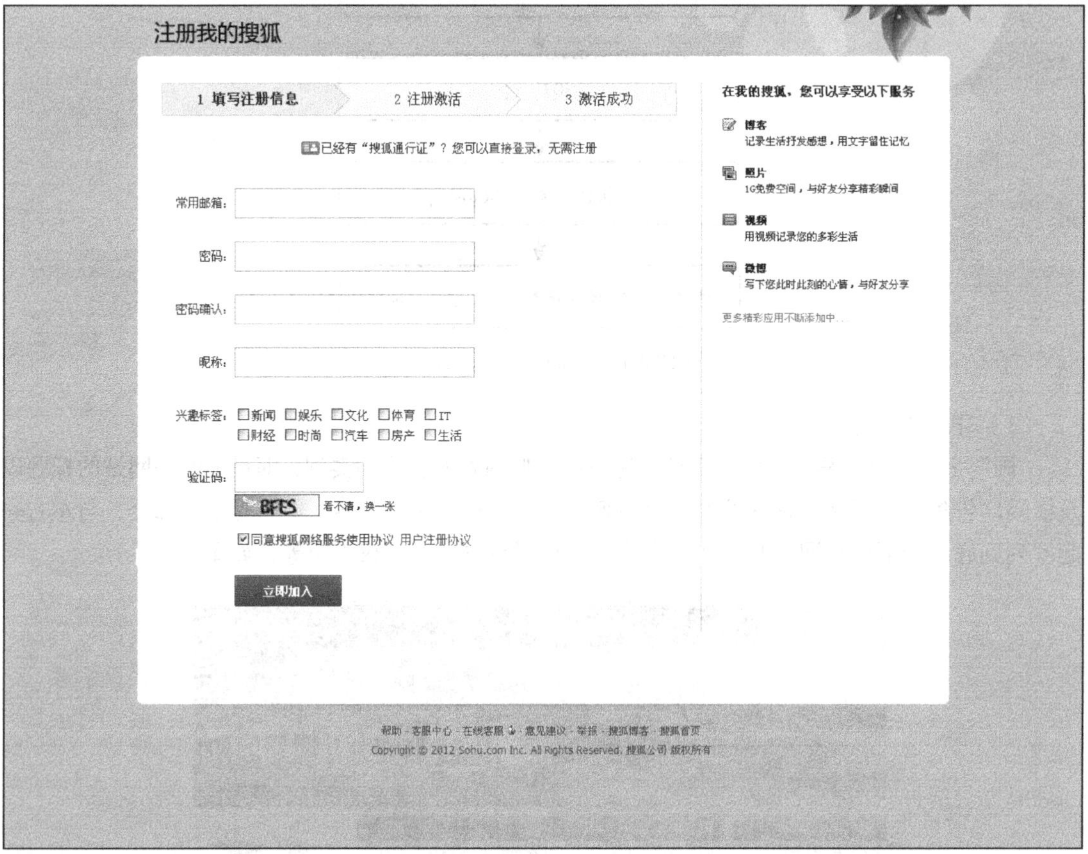

图 3-3　标题正文型

图 3-4　"T"结构布局

这样的布局有其固有的优点，因为人的注意力主要在右下角，所以企业想要发布给用户的信，大都能被用户以最大可能性获取，而且很方便，其次是页面结构清晰，主次分明、易于使用。缺点是规矩呆板，如果细节色彩上不注意，很容易让人"看之无味"。

（4）"口"型布局。

"口"型布局指页面上下各有一个广告条，左边是主菜单，右边是友情链接等，中间是主要内容。这种布局的优点是页面充实、内容丰富、信息量大，是综合性网站常用的版式，特别之处是顶部中央的一排小图标起到了活跃气氛的作用。缺点是页面拥挤，不够灵活。也有将四边空出，只用中间的窗口型设计，如网易壁纸站使用多帧形式，只有页面中央部分可以滚动，界面类似游戏界面。使用此类版式的有多维游戏娱乐性网站。"口"型布局如图 3-5 所示。

（5）"三"型布局。

这种布局多用于国外网站，国内用得不多。其特点是页面上横向两条色块，将页面整体分割为 4 个部分，色块中大多放广告条，如图 3-6 所示。

图 3-5　"口"型布局

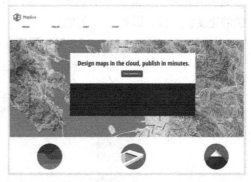

图 3-6　"三"型布局

（6）对称对比布局。

顾名思义，它指采取左右或者上下对称的布局，一半深色，一半浅色，一般用于设计型网站。其优点是视觉冲击力强，缺点是将两部分有机地结合比较困难。对称对比布局如图 3-7 所示。

（7）封面型。

封面型有时候也叫"POP"型，这种类型基本上出现在一些网站的首页，如图 3-8 所示，大部分为一些精美的平面设计结合一些小的动画，放上几个简单的链接或者仅是一个"进入"的链接甚至直接在首页的图片上做链接而没有任何提示。这种类型大部分出现在企业网站和个人主页，如果处理好，会给人带来赏心悦目的感觉。

图 3-7　对称对比布局　　　　　　　　　　　　　图 3-8　封面型

3．网站版面的尺寸规范

（1）网页的宽度

以目前我国的网络用户采用的 1 024×768 分辨率为主，制作网页时一般按照 1024×768 分辨率来设计，页面宽度不要超过 1 屏。

（2）网页长度

从理论上说，网页长度可以无限长，但是页面长度原则上不超过 3 屏，最佳长度为 1.8～2.5 屏，因为屏数过多的网页会影响访问者的心情和耐心。

（3）网页文件大小

一般来说，网站的首页大小（包括所有图像、文本、多媒体对象）不宜超过 30KB，网站的二级页面的文件（包括所有图像、文本、多媒体对象）不宜超过 45KB，如果网页太大，网页下载的速度会变慢，影响浏览速度。

4．Adobe Photoshop CS5 工作界面

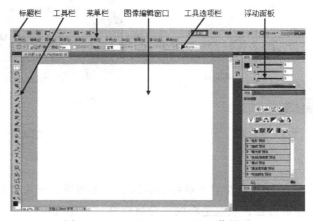

图 3-9　Adobe Photoshop CS5 工作界面

（1）标题栏。

标题栏位于主窗口顶端，最左边是 Adobe Photoshop CS5 标记，右边分别是最小化、最大化/还原和关闭按钮。

（2）工具选项栏。

选中某个工具后，属性栏就会改变成相应工具的属性设置选项，可更改相应的选项，如图 3-10

所示。

图 3-10　工具选项栏

（3）菜单栏。

菜单栏为整个环境下所有窗口提供菜单控制，包括文件、编辑、图像、图层、选择、滤镜、分析、3D、视图、窗口和帮助 11 项，如图 3-11 所示。通过菜单栏可以完成 Adobe Photoshop CS5 所执行的所有命令。

文件(F)　编辑(E)　图像(I)　图层(L)　选择(S)　滤镜(T)　分析(A)　3D(D)　视图(V)　窗口(W)　帮助(H)

图 3-11　菜单栏

（4）图像编辑窗口。

图像编辑窗口，如图 3-9 所示。它是 Adobe Photoshop CS5 的主要工作区，用于显示图像文件。图像窗口带有自己的标题栏，提供了打开文件的基本信息，如文件名、缩放比例、颜色模式等。

提示：如同时打开两幅图像，可通过单击图像窗口进行切换或使用【Ctrl+Tab】快捷键进行切换。

（5）工具栏。

工具栏中的工具可用来选择、绘画、编辑以及查看图像，如图 3-12 所示。通过拖动工具箱的标题栏，可移动工具箱。单击可选中工具，属性栏会显示该工具的属性。有些工具的右下角有一个"▪"符号，这表示在工具位置上存在一个工具组，其中包括若干个相关工具。

图 3-12　工具栏

- 选框工具：用于选择对象，如矩形、正方形和椭圆。选取工具包含了矩形、椭圆、单行、单列选取工具。

- 移动工具：用于移动选取区域内的图像。

- 套索工具：用于创建不规则图形选区。多边形索套工具用于创建多边形选区，磁性索套工具被用于自动跟踪对象的边缘。

- 魔棒工具：用于将图像上具有相近属性的像素点设为选取区域。

- 剪切工具：剪切工具允许用户重新调整他们的图像区域，但是不能调整整个图像，它有点类似于用一把剪刀从一个图层上剪切出一小部分。

- 修复工具：Photoshop 的修复工具用来修复图像残缺、污点和红眼。

- 画笔工具：画笔和铅笔工具常常用来绘制图案，这些工具可以非常有效地绘制自定义图像，和现实中的笔刷或者铅笔的用法类似。

- 仿制图章工具：一种克隆工具，它可以将图像的一部分绘制到同一图像的另一个部分或绘制到具有相同颜色模式的任何打开的文档的另一部分。也可以将一个图层的一部分绘制到另一个图层。仿制图章工具对于复制对象或去除图像中的缺陷很有用。

- 历史画笔工具：包含画笔工具和艺术历史画笔工具。用于恢复图像中被修改的部分和使图像中划过的部分产生模糊的艺术效果。

- 橡皮擦工具：用于擦除图像、选区或者图层的部分区域，和现实中的橡皮效果十分相似。

- 油漆桶工具：常用来为图层、选区和带有纯色或者渐变的区域填充颜色。

- 模糊、锐化和涂抹工具：包含模糊工具、锐化工具盒涂抹工具。这 3 个工具功能分别为用来锐化图像的边缘、使图像模糊和可以涂抹图像，像使用手指涂抹一样。

- 减淡、加深和海绵：减淡工具可以让图像的某些区域变亮；加深工具可以让图像的某些区域变暗；海绵工具通常会是图像某些部分变深或者冲淡稀释。

- 钢笔工具：用来创建简单的形状和路径并且可以做为矢量对象自由放大缩小。

- T 文字工具：用来向图片中插入文字，并且可以像 Word 一样定义字体的大小、类型、颜色等文字属性。

- 形状工具是矢量对象，它可以创建 Photoshop 已经设定好的形状（如矩形、圆形、多边形、自定义形状）图形。

- 吸管与测量工具：吸管工具用于选取图像上光标单击处的颜色，并将其作为前景色。色彩均取工具用于将图像上光标单击处周围 4 个像素点颜色的平均值作为选取色。测量工具选用该工具后，在图像上拖动，可拉出一条线段，在选项面板中则显示出该线段起始点的坐标，始末点的垂直高度、水平宽度、倾斜角度等信息。

- 观察工具：用于移动图像处理窗口中的图像，以便对显示窗口中没有显示的部分进行观察。

- 缩放工具：用于缩放图像处理窗口中的图像，以便进行观察处理。

- 前景色和背景色可以自由设置，可以与油漆桶、画笔、文本等配合使用（通常默认使用前景色），就好像调色板上涂的颜色一样。通过这种方式用户很容易知道当前自己使用的颜色。通过点击右上角的箭头来切换前景色和背景色。

（6）浮动面板。

Adobe Photoshop CS5 的浮动面板可以通过执行"窗口"菜单来控制，如图 3-13 所示。共有 14 个面板，可通过"窗口"→"显示"命令来显示面板。

图 3-13　浮动面板

提示：按【Tab】键，自动隐藏命令面板、属性栏和工具箱，再次按键，显示以上组件。按【Shift+Tab】组合键，隐藏控制面板，保留工具箱。

3.1.3　任务实施

（1）打开 Adobe Photoshop CS5，执行"文件"→"新建"菜单命令。打开"新建"对话框，如图 3-14 所示。将"名称"设置为"index"，"宽度"设置为"1000 像素"，"高度"设置为"1306 像素"，"分辨率"设置为"72 像素/英寸"，"背景内容"设置为"白色"。

（2）执行"视图"→"标尺"菜单命令。在 Adobe Photoshop CS5 工作界面上调出标尺，如图 3-15 所示。

提示：标尺主要用来页面布局的测量与定位。

（3）在"图层面板"上单击 新建图层按钮，在该图层添加已经编辑好的网站 logo 和网站标题图形元素。选择"工具栏"→"移动工具"调整图形元素位置，如图 3-16 所示。

（4）在"图层面板"上单击 新建图层按钮，在该图层添加已经编辑好的网站"设为首页|加入收藏|在线留言"、"咨询热线（24 小时服务）：0375-58122857"和网页按钮等图形元素。选择"工具栏"→"移动工具"调整图形元素位置。最终效果如图 3-17 所示。

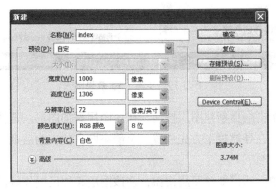

图 3-14 【新建】对话框

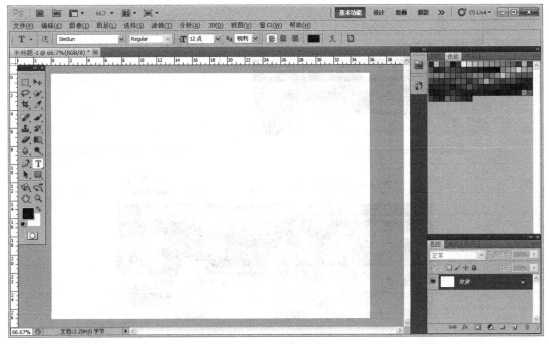

图 3-15 Photoshop CS5 工作界面

图 3-16 Logo 和标题图形元素

图 3-17 网页上端文字效果图

（5）在图层面板上单击 ▣ 新建图层按钮，在该图层添加已经编辑好的网站导航栏，如图 3-18 所示。选择"工具栏"→"移动工具"调整导航栏位置。最终效果如图 3-19 所示。

| 网站首页 | 公司简介 | 管理咨询 | 在职读研 | 经典教育 | 在线留言 | 联系我们 | | Search |

图 3-18 网站导航栏

图 3-19　步骤（5）效果图

（6）在图层面板上单击 新建图层按钮，在该图层添加图形。选择"工具栏"→"移动工具"调整图形元素位置。在导航栏下方先放置一个静态图占位。为后期 Flash 动画广告做一个效果展示，如图 3-20 所示。

（7）在图层面板上单击 新建图层按钮，在该图层添加已制作好的栏目版块背景图形，如图 3-21 所示。选择"工具栏"→"移动工具"调整图形元素位置。完成网站首页栏目版块的布局，如图 3-22 所示。

图 3-20　静态图占位效果

图 3-21　网页中栏目版块背景图

图 3-22　网站首页栏目版块布局

（8）在网站首页中"师资介绍"栏目和"成功案例"栏目为图片轮显效果，如网站中要放置动态内容的部分均可用同等大小的静态图像占位。底部左侧图片为 Flash 动画，右侧为网站友情链接，下方空白区域填写网站版权以及联系地址信息。完成整个网页的规划布局，并在网站首页中所有栏目添加文字效果，完整网站首页最终效果，如图 3-23 所示。

图 3-23 网站首页效果图

3.1.4　任务评价

本任务的考核是通过完成平顶山韩创教育咨询网站的首页版面设计来进行的。通过该任务学会网站首页版面设计流程，掌握常见网站版面布局方式，掌握在 Photoshop 中网站设计的基本操作。表 3-1 所示为本任务考核标准。

表 3-1　　　　　　　　　　　　　　　　本任务考核标准

评 分 项 目	评 分 标 准	分　值	比　例
网站首页平面图尺寸设置及 Photoshop 基本操作	能够正确完成网站首页平面图尺寸设置及 Photoshop 基本操作	8～10 分	10%
	能够基本正确完成网站首页平面图尺寸设置及 Photoshop 基本操作	3～7 分	
	在指导教师帮助下能够完成网站首页平面图尺寸设置及 Photoshop 基本操作	0～3 分	
公司文字效果制作	能够正确按照要求在 Photoshop 中完成公司文字效果制作	16～20 分	20%
	能够基本按照要求在 Photoshop 中完成公司文字效果制作	8～15 分	
	在指导教师帮助下按照要求在 Photoshop 中完成公司文字效果制作	0～7 分	
网站首页导航栏制作	能够正确完成网站首页导航栏制作	8～10 分	10%
	能够基本完成网站首页导航栏制作	3～7 分	
	在指导教师帮助下完成网站首页导航栏制作	0～3 分	
网站栏目背景制作	能够正确完成网站栏目背景制作	8～10 分	10%
	能够基本完成网站栏目背景制作	3～7 分	
	在指导教师帮助下完成网站栏目背景制作	0～3 分	
任务过程	根据任务实施过程的态度、团队协作、拓展能力和创新能力等方面进行考核	酌情打分	20%
知识掌握	（1）熟悉 Photoshop CS5 工作界面 （2）熟悉 Photoshop CS5 基本操作 （3）熟悉网站常见布局版式	酌情打分	20%
任务完成时间	在规定时间内完成任务者得满分，每推迟半小时扣 5 分	0～10 分	10%
总计		100	100%

3.1.5　任务小结

网站首页的设计风格常代表着公司的整体定位以及给浏览者要传达的信息。在整体形象上要表现出主题突出、内容精干、形式严肃简洁、整体大方的特点，让人有耳目一新之感。教育网站版面设计按照网站首页设计流程进行，网站版面布局方式按照常规网页布局方式进行布局，最终效果图使用 Photoshop CS5 完成。

3.2　任务二　网页图形元素的制作

3.2.1　任务描述

图形是最佳的信息载体，有时候很多的文字可能比不上一张图像更能说明问题。图像和多媒体是美化网页的重要对象，网页中有了图像和多媒体后，将不再是枯燥的文字。本任务使用 Photoshop 制作"平顶山韩创教育咨询有限公司"网站网页中图形元素。如网站广告图、栏目背景图和用来网页占位的静态图像。

3.2.2　相关知识

1．网页版面设计中的静态占位图

它是在将最终图标添加到 Web 页面之前使用的临时图形，它不是现实在浏览器中的图形图像。在发布站点之前，应该用适于 Web 的图形文件替换所有添加的图像占位符。它的宽度和高度也就是将来插入到占位符中的图像大小，当然如果图像比占位符大或小，则占位符的大小以图像的大小为准，以像素为单位，这是必须要注意的。

2．网络广告的形式

网络广告的形式有很多种，包括图片广告、多媒体广告、超文本广告灯，可以针对不同的企业、不同的产品、不同的客户对象采用不同的广告形式。

● 横幅式广告，一般尺寸较大，位于页面中最显眼的位置。横幅广告又称为旗帜广告、页眉广告等。横幅广告的尺寸一般为 480×60 像素、729×90 像素、760×90 像素等。

● 按钮式广告：在网页中尺寸偏小，表现手法较简单，一般企业以 Logo 的形式出现，可直接链接到企业网站或企业信息的详细介绍上。最常用的按钮广告尺寸有 4 种，分别是 125×125 像素、120×90 像素、120×60 像素、88×31 像素。

● 邮件列表广告：它是利用电子邮电功能，向网络用户发送广告的一种网络广告形式。邮件列表广告是一种新兴的因特网广告业务，现正在被越来越多的公司所重视。

● 弹出窗口式广告：在网站或栏目出现之前插入一个新窗口显示广告。

● 互动游戏广告：在一段页面游戏开始、中间、结束的时候，随时出现广告。

● 对联式广告：一般位于网页两侧，也是有些网络广告中的宣传方式。它通常使用.gif 格式的图像文件，还可以使用其他的多媒体。这种广告集动画、声音、影像与一体，富有表现力、交互性和娱乐性。

● 浮动广告：在页面左右两侧随滚动条而上下滚动，或在页面上自由滚动，一般尺寸为 100×100 像素或 150×150 像素。

3．网络广告设计要素

网络广告包括多种设计要素，如图像、电脑动画、文字和数字影（音）像等，这些要素可以单独使用，也可以配合使用。

● 图像：网页中最常用的图像格式是 gif 和 jpe，另外，还有不常用的 png 图像格式。

● 电脑动画：是一种表现力极强的网络设计手段。电脑动画分为二维动画和三维动画。典型的二维动画制作软件，如 Flash，它是一个专门的网页动画编辑软件。

● 文字：在网络广告设计中，标题字和内文的设计、编排都要用到文字。

● 数字影（音）像：被广泛地应用在网络广告中。但是由于宽度的限制，数字影（音）像一般都要经过高倍的压缩。

3.2.3　任务实施

1．网页公司名称文字图像制作

（1）打开 Adobe Photoshop CS5，选择"文件"→"新建"菜单命令。打开"新建"对话框，如图 3-24 所示。将"名称"设置为"wenzi"，"宽度"设置为"500 像素"，"高度"设置为"93 像素"，"分辨率"设置为"72 像素/英寸"，"背景内容"设置为"白色"。

（2）单击"工具栏"中"文字工具" ，"图层面板"会自动新建一个文字图层，输入"平顶山韩创教育咨询有限公司"，如图 3-25 所示。

图 3-24　"新建"对话框　　　　　　　　　　　　　图 3-25　图层面板

（3）在"文字工具"的"工具选项栏"中设置文字属性。如图 3-26 所示。"字体"设置为"黑体加粗"，"颜色"设置为"#004b61"，"字号"设置为"24 点"。

图 3-26　工具选项栏

（4）在图层面板中选择文字图层，单击鼠标右键选择"混合选项"命令，打开"图层样式"对话框，对文字添加效果：描边和投影。其中"描边"和"投影"参数设置如图 3-27 和图 3-28 所示。网站公司标题文字最终效果为图 3-29 所示。

2．网页广告占位图制作

（1）首先，打开 Photoshop CS5 工具软件，选择"文件"→"新建"菜单命令。打开"新建"对话框，如图 3-30 所示。将"名称"设置为"banner"，"宽度"设置为"986 像素"，"高度"设置为"266 像素"，"分辨率"设置为"72 像素/英寸"，"背景内容"设置为"白色"。

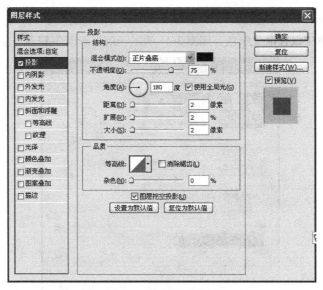

图 3-27 投影参数设置

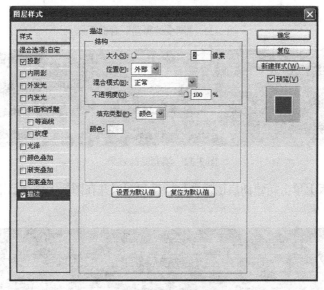

图 3-28 描边参数设置

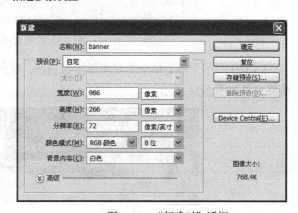

平顶山韩创教育咨询有限公司
Hanchuang Education Consulting Co., Ltd. Shanghai

图 3-29 网站公司标题文字最终效果

图 3-30 "新建对"话框

（2）选择"工具栏"→"渐变工具"，在选项栏中单击"▇▇▇▇▇▇ "按钮，弹出"渐变编辑器"对话框，在该对话框中设置渐变颜色，如图 3-31 所示。效果如图 3-32 所示。

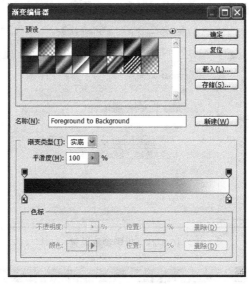

图 3-31 "渐变编辑器"对话框

图 3-32 填充完的效果

（3）在图层面板上单击新建图层按钮 ▢，新建图层并在图层上添加已准备好的素材。效果如图 3-33 所示。

图 3-33 填充素材后的效果

（4）在图层面板上单击新建图层按钮 ▢，在图层上添加已准备好的人物素材和文字素材。最终效果如图 3-34 所示。

图 3-34 最终效果图

3．网页栏目背景图制作

（1）首先，打开 Photoshop CS5 工具软件，选择"文件"→"新建"菜单命令。打开"新建"对话框，如图 3-35 所示。将"名称"设置为"paxt"，"宽度"设置为"386 像素"，"高度"设置为"260 像素"，"分辨率"设置为"72 像素/英寸"，"背景内容"设置为"白色"。

图 3-35　"新建"对话框

（2）在图层面板上单击 新建图层按钮，新建图层。选择"工具栏"→"矩形工具"画一个矩形，在"工具选项栏"填充颜色"#2e434b"。图层样式描边为"1px"。选择"工具栏"→"钢笔工具"描出图 3-36 所示图形。按【Ctrl+Enter】组合键转换为选区，填充为白色，调整图层不透明度。具体设置如图 3-37 所示。最终效果如图 3-38 所示。

图 3-36　深色按钮制作 1

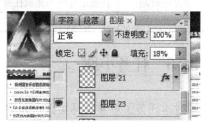

图 3-37　深色按钮制作 2

（3）浅色按钮的制作方法和深色按钮制作方法一致，只需把矩形图案颜色填充为"#ddedf4"。最终效果如图 3-39 所示。

（4）在图层面板上单击 新建图层按钮，新建一个图层。使用"工具栏"→"直线工具"绘制一条直线，颜色填充为"#026681"。再用"工具栏"→"矩形工具"画一个矩形，设置"图层样式"为描边，描边颜色为"#ddedf4"，完成效果如图 3-40 所示。

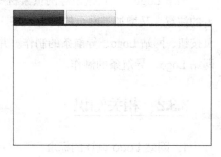

图 3-38　深色按钮最终效果　　　图 3-39　浅色按钮最终效果　　　图 3-40　栏目背景框

3.2.4 任务评价

本任务的考核按照是否能完成制作网站图形元素：网站广告图、栏目背景图和用来网页占位的静态图像为最终考核标准，考核的主要内容是了解常见的网页图形元素，掌握在 Phototshop 中网页图形元素的制作方法。表 3-2 所示为本任务考核标准。

表 3-2　　　　　　　　　　　　　本任务考核标准

评 分 项 目	评 分 标 准	分　值	比　例
网页图像元素的制作	能够使用 Photoshop CS5 完成"平顶山韩创教育咨询有限公司"网站页面各类图形网页元素制作	31～50 分	50%
	能够基本使用 Photoshop CS5 完成"平顶山韩创教育咨询有限公司"网站页面各类图形网页元素制作	16～30 分	
	在指导教师帮助下使用 Photoshop CS5 完成"平顶山韩创教育咨询有限公司"网站页面各类图形网页元素制作	0～15 分	
任务过程	根据任务实施过程的态度、团队协作、拓展能力和创新能力等方面进行考核	酌情打分	20%
知识掌握	（1）了解常见网页图形元素 （2）设置文字属性 （3）图层基本操作 （4）设置图层样式	酌情打分	20%
任务完成时间	在规定时间内完成任务者得满分，每推迟半小时扣 5 分	0～10 分	10%
总计		100	100%

3.2.5 任务小结

通过本任务了解常见网页图形元素，能使用 Photoshop 工具软件完成网页图形元素的制作，并能完成后续网页中图形元素的制作。

3.3　任务三　网页按钮、Logo、导航条的制作

3.3.1 任务描述

网站 Logo、网页按钮等网页素材一般设计精巧，立体感强，将其应用到网页中，既吸引浏览者的注意，又增加了网页的美观效果。本任务主要完成"平顶山韩创教育咨询有限公司"网站网页按钮、网站 Logo、导航条的制作。并通过任务的完成能熟练掌握使用 Photoshop 完成网页按钮、网站 Logo、导航条的制作。

3.3.2 相关知识

1. 网站 Logo 设计的标准

Logo 的设计要能够充分体现该公司的核心理念，并且设计要求动感、简约、大气、有活力、

高品位，色彩搭配要合理、美观。

　　网站 Logo 设计有以下标准：

● 要与企业的 CI 设计一致。

● 要有良好的造型，Logo 的题材和形式可以丰富多彩，如中外文字体、图案、抽象符号、几何图形等。

● 构图要美观、适当、简练，讲究艺术效果，构思须巧妙、新颖，力求避免雷同或涉及隐私。

● 充分考虑企业标志理念的表现力、可行性。

● 色彩最好单纯、强烈、醒目，力求色彩的感性印象与企业的形象风格相符。

● 标志设计一定要注意其识别性，识别性是网站 Logo 的基本功能。

2. 标准网页广告尺寸规格

在网页设计中，网页广告都有一定的规格要求，如表 3-3 所示。网页广告（banner）不超过 14KB。

表 3-3　　　　　　　　　　　　　　网页广告尺寸标准

广 告 形 式	像 素 大 小	最 大 尺 寸	备　　注
BUTTON	120×60(必须用 gif) 215×50(必须用 gif)	7K 7K	
通栏	760×100 430×50	25K 15K	静态图片或减少运动效果
超级通栏	760×100 to 760×200	共 40K	静态图片或减少运动效果
巨幅广告	336×280 585×120	35K	
竖边广告	130×300	25K	
全屏广告	800×600	40K	必须为静态图片，flash 格式
图文混排	各频道不同	15K	
弹出窗口	400×300(尽量用 gif)	40K	
BANNER	468×60(尽量用 gif)	18K	
悬停按钮	80×80(必须用 gif)	7K	
流媒体	300×200(可做不规则形状但尺寸不能超过 300×200)	30K	播放时间　小于 5 秒 60 帧(1 秒/12 帧)

3.3.3　任务实施

1. "Search" 按钮制作

（1）打开 Adobe Photoshop CS5，选择 "文件" → "新建" 菜单命令。打开 "新建" 对话框。将 "名称" 设置为 "search"，"宽度" 设置为 "66 像素"，"高度" 设置为 "22 像素"，"分辨率" 设置为 "72 像素/英寸"，"背景内容" 设置为 "白色"。

（2）首先选择 "工具栏" → "圆角矩形工具" 绘制一个圆角矩形，在 "工具栏选择器" 设置圆角半径为 "3px"，大小为 "66×22 像素"，具体设置如图 3-41 和图 3-42 所示。

图 3-41　工具栏选择器

（3）在图层面板中选择文字图层，单击鼠标右键选择"混合选项"命令，打开"图层样式"对话框，对绘制好的圆角矩形设置图层样式"描边"，参数设置如图 3-43 所示。

图 3-42　圆角矩形

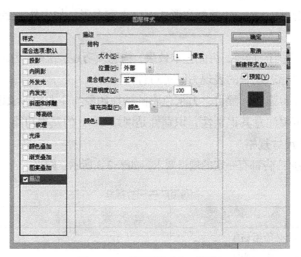

图 3-43　"图层样式"对话框

（4）选择"工具栏"→"文字工具"命令，输入文字"Search"，如图 3-44 所示。

2. "QQ 在线"按钮的制作

（1）打开 Adobe Photoshop CS5，选择"文件"→"新建"菜单命令。

图 3-44　"Search"按钮

（2）选择"工具栏"→"圆角矩形工具"绘制一个圆角矩形，在其"工具选择器"中设置圆角【半径】为"3px"。

（3）在图层面板中选择文字图层，单击鼠标右键选择"混合选项"命令，打开"图层样式"对话框，对绘制好的圆角矩形设置图层样式"描边"，参数设置如图 3-45 所示。

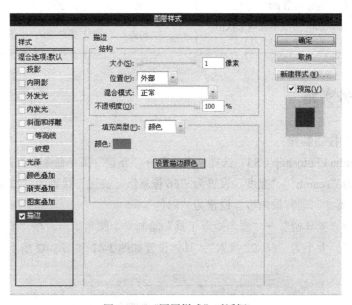

图 3-45　"图层样式"对话框

（4）在"图层样式"对话框，选择"渐变叠加"选项，并设置参数如图 3-46 所示。

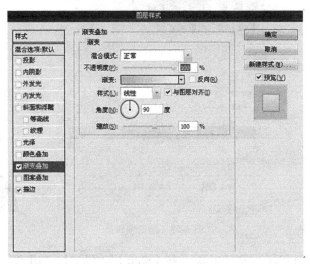

图 3-46　"图层样式"对话框

（5）在图层面板上单击新建图层按钮 ，添加"QQ 企鹅"素材和文字素材，并复制 2 遍。"QQ 在线"按钮最终效果如图 3-47 所示。

3．网站 Logo 制作

（1）打开 Adobe Photoshop CS5，选择"文件"→"新建"菜单命令。打开"新建"对话框，将"名称"设置为"Logo"，"宽度"设置为"58 像素"，"高度"设置为"69 像素"，"分辨率"设置为"72 像素/英寸"，"背景内容"设置为"白色"。

（2）首先选择"工具栏"→"前景色"，将前景色设置为"#003d6c"，选择"工具栏"→"自定形状工具"，按图 3-48 所示。选择"球形画笔"绘制一个地球，如图 3-50 和图 3-51 所示。

图 3-47　"QQ 在线"按钮最终效果　　　图 3-48　自定义形状工具　　图 3-49　自定义形状面板

（3）选择"工具栏"→"钢笔工具"，如图 3-51 所示。按照图 3-52 所示绘制轮廓。

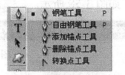

图 3-50　自定义形状工具　　　　　　　图 3-51　钢笔工具

（4）选择绘制好的轮廓，按【Ctrl+Enter】组合键，将路径转换为选区，"前景色"设置为渐变颜色，颜色分布设置为#21629a～#175379，如图 3-53 所示。效果如图 3-54 所示。

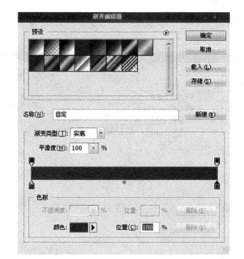

图 3-52　Logo 图形轮廓　　　　　图 3-53　渐变编辑器　　　　　图 3-54　效果图

（5）最后用"工具栏"→"椭圆工具"，按【Shift】键的同时，拖曳鼠标绘制大小不同的 6 个正圆，填充色分别设置为"#ffffff"和"#135276"。并把正圆放置适当位置，最终效果如图 3-55 所示。

4．导航条的制作

（1）打开 Adobe Photoshop CS5，选择"文件"→"新建"菜单命令。打开"新建"对话框。将"名称"设置为"menu"，"宽度"设置为"987 像素"，"高度"设置为"37 像素"，"分辨率"设置为"72 像素/英寸"，"背景内容"设置为"#103845"，如图 3-56 所示。

图 3-55　网站 Logo

![导航栏背景]

图 3-56　导航栏背景

（2）选择"工具栏"→"直线工具"，在"工具选择器"中设置填充颜色为"白色"。绘制 6 条和导航条高度一样的线，放置导航条上，如图 3-57 所示。

![导航栏背景]

图 3-57　导航栏背景

（3）选择"工具栏"→"文字工具"，输入"网站首页""公司简介"、"管理咨询"、"在职读研"、"经典教育"、"在线留言"、"联系我们"等文字，设置字体属性为"宋体"、"加粗"、"12 号"，填充颜色为"白色"，如图 3-58 所示。

| 网站首页 | 公司简介 | 管理咨询 | 在职读研 | 经典教育 | 联系我们 | 在线留言 | 在这里搜索… | 搜索 |

图 3-58　导航栏

3.3.4　任务评价

本任务的考核是通过平顶山韩创教育咨询网站的网页按钮、Logo、导航条的制作完成来进行的。通过该任务了解网页中 Logo 和按钮的常见设计规则，掌握 Photoshop 制作网页按钮、Logo 和导航条的基本操作。表 3-4 所示为本任务考核标准。

表 3-4　　　　　　　　　　　　　　　　本任务考核标准

评 分 项 目	评 分 标 准	分　值	比　例
网页按钮制作	能够正确完成网页按钮制作	16～20 分	20%
	能够基本正确完成网页按钮制作	8～15 分	
	在指导教师帮助下能够完成网页按钮制作	0～7 分	
网站 logo 制作	能够正确按照要求完成网站 Logo 制作	16～20 分	20%
	能够基本按照要求完成网站 Logo 制作	8～15 分	
	在指导教师帮助下完成网站 Logo 制作	0～7 分	
导航栏制作	能够正确完成网站首页导航栏制作	8～10 分	10%
	能够基本完成网站首页导航栏制作	3～7 分	
	在指导教师帮助下完成网站首页导航栏制作	0～3 分	
任务过程	根据任务实施过程的态度、团队协作、拓展能力和创新能力等方面进行考核	酌情打分	20%
知识掌握	熟悉 Photoshop CS5 的基本操作	酌情打分	20%
任务完成时间	在规定时间内完成任务者得满分，每推迟半小时扣 5 分	0～10 分	10%
总计		100	100%

3.3.5　任务小结

通过本任务的学习能使用 Photoshop CS5 完成网站网页中按钮、网站 Logo 和导航条等"平顶山韩创教育咨询有限公司"网站素材制作。为后续网站图像元素的处理提供操作方法。

3.4　任务四　切片与输出

3.4.1　任务描述

许多网页为了追求更好的视觉效果，往往采用整幅图片来布局网页，但是这样做的结果会使网页浏览速度变慢很多。为了加快浏览和下载速度，就要对网页平面效果图使用切片技术，也就是把一整幅图片切割成若干小块。

本任务主要使用 Photoshop CS5 中"工具栏"→"切片工具"对"平顶山韩创教育咨询有限公司"网站首页效果图进行切割。

3.4.2　相关知识

1．基本概念

切片技术，是一种网页制作技术，他是将美工效果图转换为页面效果图的重要技术。Photoshop 和 Fireworks 都提供了切图技术，Flash 则直接提供了网页格式输出技术（不需要切图）。

切片，是切图的直接结果，切图实际上就将图切分为一系列的切片。

2．切图操作过程。

（1）切片工具如图 3-59 所示。

（2）切图基本操作。

① 划分切片，是使用切片工具在原图上进行切分的操作。

② 编辑切片，是对切分好的切片进行编辑的操作，编辑包括对

切片的名称、尺寸等的修改等。

3．切图输出

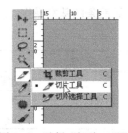

图 3-59　选择"切片工具"

输出图像：完成切图操作后可以使用"切片选择工具"选择需

要输出的切片，然后选择"文件"菜单，并选择"存储为 Web 所用格式..."，然后在弹出的界面
中单击"存储"按钮即可对选择切片进行保存。

输出 HTML 和图像：完成切图操作后，在"文件"菜单中，选择"存储为 Web 所用格式..."，
在弹出的页面中直接选择"存储"，然后在弹出的界面中，填入文件名，保存类型选择"HTML
和图像"，设置为"默认设置"即可，切片选择"所有切片"。然后单击"保存"按钮就可以了。
接下来，就是编辑输出的 Html 页面了。

3.4.3　任务实施

（1）在 Photoshop CS5 中，打开"平顶山韩创教育咨询有限公司"网站首页效果图，如图 3-60
所示。

图 3-60　网站首页效果图

（2）选择"工具栏"→"切片工具"，如图 3-59 所示。将鼠标指针移动到要创建切片的位置，
单击鼠标左键并拖曳，创建切片，如图 3-61 所示。

（3）选择"文件"→"存储为 Web 和设备所用格式"菜单命令，如图 3-62 所示。

图 3-61　创建切片　　　　　　　　　　　图 3-62　存储为 Web 和设备所用格式

（4）打开"存储为 Web 和设备所用格式"对话框，在对话框中进行相应的设置。单击"存储"按钮，打开"将优化结果存储为"对话框，在文件名文本框中输入文本的名称，"格式"选择"HTML和图像"，效果如图 3-63 所示。

图 3-63　"存储为 Web 和设备所用格式"对话框

（5）单击"保存"按钮，即可将图像文件存储为 HTML 文件。在"将优化结果存储为"对话框中选择图像文件和 HTML 文件存储位置，如图 3-64 所示。最终效果如图 3-65 所示。

图 3-64　选择存储位置

图 3-65　选择存储位置

注意：切片的输出需要隐藏在布局中用到的元素，在这里由于为大家做示范，并没有隐藏，所以请大家谨记，在网页中用到的元素，如文字、图片等，都需要隐藏，然后再切片。

3.4.4　任务评价

本任务的考核是通过平顶山韩创教育咨询网站的平面图的切片与输出完成来进行的。通过该任务了解切片技术，掌握 Photoshop 中制作切片的基本操作。表 3-5 所示为本任务考核标准。

表 3-5　　　　　　　　　　　　本任务考核标准

评 分 项 目	评 分 标 准	分　值	比　例
"平顶山韩创教育咨询有限公司"网站首页切片	能够正确完成网站首页切片	31～50 分	50%
	能够基本正确完成网站首页切片	16～30 分	
	在指导教师帮助下能够完成网站首页切片	0～15 分	
任务过程	根据任务实施过程的态度、团队协作、拓展能力和创新能力等方面进行考核	酌情打分	20%
知识掌握	了解切片技术	酌情打分	20%
任务完成时间	在规定时间内完成任务者得满分，每推迟半小时扣 5 分	0～10 分	10%
总计		100	100%

3.4.5　任务小结

通过本任务的学习，熟练掌握切片技术对网页效果图进行切割的方法。能完成各类网页效果图的切割。

3.5　拓展实训：设计企业网站的页面模板

3.5.1　任务描述

使用 Photoshop CS5 工具软件完成"平顶山华通胶辊有限公司"企业网站网页平面效果图设计与制作。

3.5.2　实训目的

掌握 Photoshop CS5 工具软件基本操作。

熟悉 Photoshop CS5 常见快捷键。

完成"平顶山华通胶辊有限公司"企业网站网页平面效果图设计与制作。

3.5.3　实训要求

（1）按照网页设计流程，通过网页网站规划和网站风格设计，对"平顶山华通胶辊有限公司"企业网站网页进行平面效果图设计与制作。

（2）能使用 Photoshop CS5 工具软件设计企业网站首页和二级页面平面效果图。

（3）能使用 Photoshop CS5 工具软件制作网页图形元素、网页按钮、网站 Logo、导航栏等网页元素。

（4）最终使用切片技术对企业网页效果图进行切割，并生成.html 网页。

3.5.4　实训考核

本任务评价标准如表 3-6 所示。

表 3-6　　　　　　　　　　　　　　本任务评价标准

评 分 项 目	评 分 标 准	分　　值	比　　例
"平顶山华通胶辊有限公司"企业网站网页平面图制作	能够正确使用 Photoshop CS5 完成企业网站网页平面图制作	16～20 分	20%
	能够基本正确使用 Photoshop CS5 完成企业网站网页平面图制作	8～15 分	
	在指导教师帮助下能够使用 Photoshop CS5 完成企业网站网页平面图制作	0～7 分	
"平顶山华通胶辊有限公司"企业网站各类图形网页元素制作	能够使用 Photoshop CS5 完成企业网站各类图形网页元素制作	16～20 分	20%
	能够基本使用 Photoshop CS5 完成企业网站各类图形网页元素制作	8～15 分	
	在指导教师帮助下使用 Photoshop CS5 完成企业网站各类图形网页元素制作	0～7 分	
"平顶山华通胶辊有限公司"企业网站网页效果图切割	能够正确使用切片技术完成企业网站网页效果图切割	8～10 分	10%
	能够基本正确使用切片技术完成企业网站网页效果图切割	3～7 分	
	在指导教师帮助下正确使用切片技术完成企业网站网页效果图切割	0～3 分	
任务过程	根据任务实施过程的态度、团队协作、拓展能力和创新能力等方面进行考核	酌情打分	20%
知识掌握	（1）熟悉 Dreamweaver CS5 （2）通过工作界面了解网站站点概念作用 （3）掌握网站开发命名规则	酌情打分	20%
任务完成时间	在规定时间内完成任务者得满分，每推迟半小时扣 5 分	0～10 分	10%
总计		100	100%

习题

一、单选题

1. Adobe Photoshop 在默认状况下的存储格式是 （　　　　　）。

　　A．.jpg　　　　　B．.psd　　　　　C．.bmp　　　　　D．.tiff

2. 下列哪种工具可以绘制形状规则的区域 （　　　　　）。

　　A．钢笔工具　　　B．椭圆选框工具　　C．魔棒工具　　　D．磁性套索工具

3. CMYK 颜色模式中，CMYK 分别代表 （　　　　　）。

　　A．青色、洋红、黄色、黑色　　　　　B．青色、黄色、洋红、黑色

C. 洋红、黄色、黑色、青色　　　　　　　D. 洋红、青色、黄色、黑色

4. 下列色彩数目排序正确的是　（　　　　　）。

A. RGB>LAB>CMYK　　　　　　　　　B. LAB>RGB>CMYK

C. CMYK>RGB>LAB　　　　　　　　　D. LAB>CMYK>RGB

5. 计算机图形图像分为两大类，其中与像素相关的是　（　　　　　）。

A. 矢量图　　　　　B. 位图　　　　　C. 数码图像　　　　D. 彩图

6. 下列哪个是 Photoshop 图形最基本的组成单元　（　　　　　）。

A. 节点　　　　　B. 色彩空间　　　　　C. 像素　　　　D. 路径

7. 新建、打开文件的快捷键分别是　（　　　　　）。

A. Ctrl + O、Ctrl + M　　　　　　　　B. Ctrl + J、Ctrl + N

C. Ctrl + N、Ctrl + O　　　　　　　　D. Ctrl + E、Ctrl + D

8. 在使用放大工具的时候，按（　　　）键可以切换至缩小工具。

A. Ctrl　　　　　B. Alt　　　　　C. Shift　　　　D. Enter

9. 在 Photoshop 中显示和隐藏标尺的快捷键是　（　　　　　）。

A. Ctrl + R　　　　B. Ctrl + N　　　　C. Ctrl + E　　　　D. Ctrl + K

10. 如果前景色为红色，背景色为蓝色，直接按【D】键，然后按【X】键，前景色与背景色将分别是　（　　　　　）颜色。

A. 前景色为蓝色，背景色为红色　　　　B. 前景色为红色，背景色为蓝色

C. 前景色为白色，背景色为黑色　　　　D. 前景色为黑色，背景色为白色

二、选择题

1. 在 Photoshop 中显示或隐藏网格的快捷组合键是_____，显示或隐藏标尺的快捷组合键是_____。

2. 组成位图图像的基本单元是_____而组成矢量图形的基本单元是_____。

3. 在 Photoshop 中，创建新图像文件的快捷组合键是_____。打开已有文件的快捷组合键是_____，打印图像文件的快捷组合键是_____。

4. 在 Photoshop 中，创建新文件时，图像文件的色彩模式一般设置成_____模式，分辨率一般是_____像素/英寸，宽度与高度的单位一般是_____（请填写"像素"、"厘米"或"毫米"等单位）。

5. 在 Photoshop 中，菜单命令"文件"→"恢复"的含义是_____。

三、判断题

1. 计算机中的图像主要分为两大类：矢量图和位图，而 Photoshop 中绘制的是矢量图。

（　　）

2. 在 Photoshop 新建对话框中出现的 Bitmap 色彩方式特指黑白图像。　　　（　　）

3. Photoshop 中的蒙版层是可以不依附其他图层单独出现在图层面板上的。　（　　）

4. 在一个图像完成后其色彩模式不允许再发生变化。　　　　　　　　　　（　　）

5. 在 Photoshop 中可以将一个路径输出为矢量图文件。　　　　　　　　　（　　）

6. 在 Photoshop 中，彩色图像可以直接转化为黑白位图。　　　　　　　　（　　）

7. 色阶命令只能够调整图像的明暗变化，而不能调整图像的色彩。　　　　（　　）

8. 在拼合图层时，会将暂不显示的图层全部删除。　　　　　　　　　　　（　　）

9. 在 Photoshop 中，配合【Alt】键可以增加选择区域。 （　　）

10. 三维变换滤镜可使一幅平坦的二维图像产生三维效果。 （　　）

四、简答题

1. 简述图层的分类及其特点。

2. 简述通道的分类及其作用。

第4章
教育网站静态页面布局

本章主要讲述 Dreamweaver CS5 的相关知识，通过 4 个任务分别讲解了表格、超级链接、列表、图文混排、表单和模板的相关知识。通过本章的学习，完成平顶山韩创教育网的首页、列表页和内容页的制作。

4.1 任务一 制作首页

4.1.1 任务描述

网站的首页很重要，是一个企业的门面和形象的象征，做好网站的首页是关键。

一个成功的网站，首先是其静态页面的设置，主要就是首页的设计。只要你的网站首页气势十足，就会吸引更多的浏览者，哪怕只是简单的浏览，也会对网站内容有所了解。

本任务主要是制作"平顶山韩创教育网"主页（以下简称：韩创教育网），主页制作最基本的要求就是要实现网页布局合理。接下来，就来学习使用表格构建页面布局，现在最常用的页面布局技术是 XHTML+CSS，关于 CSS 的内容将在接下来的第 5 章中进行讲解。

4.1.2 相关知识

表格是页面布局中极为有用的设计工具。在设计页面时，往往要利用表格来定位页面元素。使用表格可以导入表格化数据、设计页面分栏、定位页面上的文本和图像等。

下面我们通过几个例子来讲解表格的一些基本知识和基本操作。

一、制作课程表

1. 创建课程表表格

在 Dreamweaver CS5 中插入表格的方法主要有如下几种。

（1）将光标移动到要插入表格的位置。

（2）执行如下操作之一：

● 执行菜单"插入"→"表格"命令；

● 按【Ctrl+Alt+T】组合键

打开"表格"对话框，如图 4-1 所示。

（3）输入相应的内容。

● 行数：表格由几行构成，在 html 代码中，行数为<tr>。

● 列数：表格每一行由几个单元格构成，在 html 代码中，列数为<td>。

● 表格宽度：可以输入像素数，也可以用百分比表示。

● 边框粗细：表示表格的边框大小，在 html 代码中，边框为<border>。

图 4-1 "表格"对话框

● 单元格边距：表示单元格中的内容与单元格边框之间的距离，在 html 代码中，单元格的边距为 cellpadding。

● 单元格间距：表示相邻两个单元格之间的距离，在 html 代码中，单元格的间距为 cellspacing。

● 标题：选择哪些单元格的内容是居中加粗显示。

● 标题：输入表格的标题。

（4）单击【确定】按钮，即可在当前光标位置插入一个表格，如图 4-2 所示。

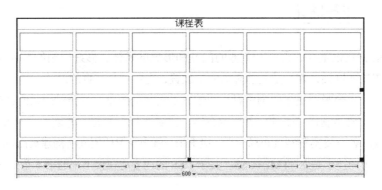

图 4-2 生成的表格

2．输入文字和插入图片

（1）单击单元格，可以在单元格中输入文字或插入图片，效果如图 4-3 所示。

（2）选择单元格，设置单元格内容的水平和垂直对齐方式。

选择单元格的方式有如下几种：

● 单击鼠标左键可以选择任意一个单元格；

● 按着【Ctrl】键，然后单击鼠标左键可以选择多个单元格，如图 4-4 所示；

● 按着鼠标左键拖曳可以选择连续的单元格。

课程表

	星期一	星期二	星期三	星期四	星期五
1-2节	计算机基础	网页设计	军事理论		大学英语
3-4节		大学英语	思想政治	就业指导	计算机基础
中午					
5-6节	微机维修技术	体育		美术鉴赏	微机维修
7-8节			photoshop		

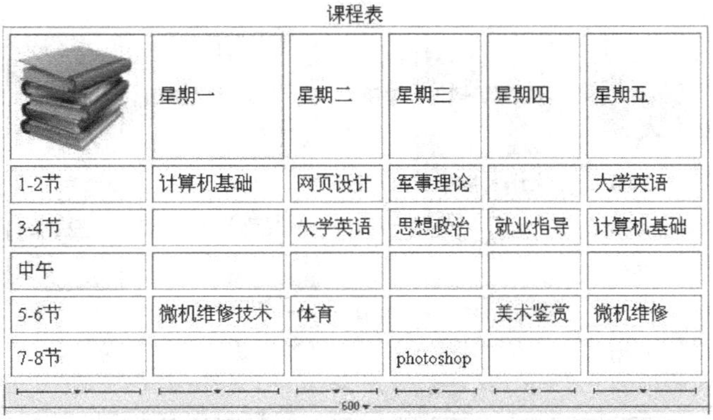

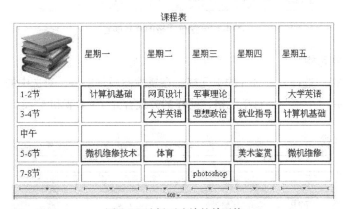

图 4-3　输入文字并插入图片后的表格

在单元格"属性"面板中，可以设计单元格内容水平、垂直方向上的对齐方式，如图 4-5 所示。

课程表

	星期一	星期二	星期三	星期四	星期五
1-2节	计算机基础	网页设计	军事理论		大学英语
3-4节		大学英语	思想政治	就业指导	计算机基础
中午					
5-6节	微机维修技术	体育		美术鉴赏	微机维修
7-8节			photoshop		

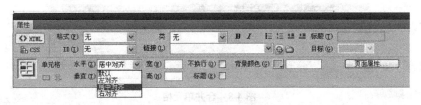

图 4-4　选择不连续的单元格

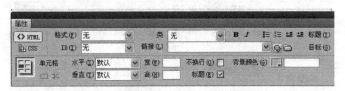

图 4-5　设置选中单元格内容的水平、垂直对齐方式

（3）在"属性"面板中可以设置单元格内容是否为"标题"样式。选择"标题"样式后，单元格内容自动居中对齐，字体加粗显示。设置方式如图 4-6 所示。

图 4-6　属性面板中选中"标题"属性

（4）在"属性"面板中，选择"背景颜色"可以为一个或多个单元格选择不同的背景颜色，效果如图 4-7 所示。

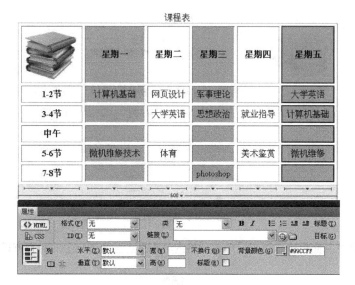

图 4-7 设置单元格的背景颜色

3. 合并/拆分单元格

（1）合并单元格。选择需要合并的单元格，在属性面板单击 ▣ ，对选中的单元格进行合并，如图 4-8 所示，合并"中午"一行单元格，同样的方式合并 1～4 节和 5～8 节，完成后的效果如图 4-9 所示。

图 4-8　合并单元格

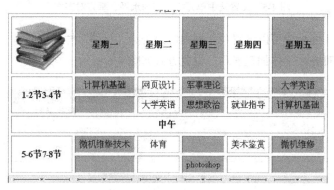

图 4-9　合并完成后效果图

（2）拆分单元格。单击"属性"面板上的 ⊞ ，可以将一个单元格拆分为多个单元格。选择"1-2

节 3-4 节"单元格单击 ⬚ 按钮出现拆分单元格窗口，如图 4-10 所示。

图 4-10　拆分单元格窗口

按照行、列的拆分把"1-2 节 3-4 节"单元格和"5-6 节 7-8 节"单元格依次进行拆分，拆分并插入文字，效果如图 4-11 所示。

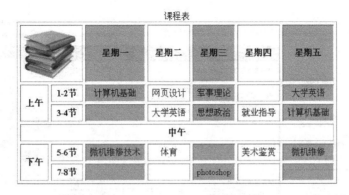

图 4-11　拆分合并单元格后的效果

4．给课程表添加背景图片

（1）选择整个表格，选择表格的方式有如下几种。

● 选中任一单元格后，单击鼠标右键，选择"表格"→"整个表格"，如图 4-12 所示。

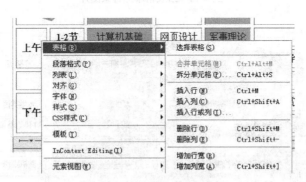

图 4-12　选择整个表格方式一

● 将鼠标移动到表格右下角，当出现 ⬚，单击选中整个表格，如图 4-13 所示。

（2）单击"拆分"视图 ，在 <table> 标记中添加 background 属性来添加背景图片，方式如图 4-14 所示。

（3）表格的背景图片添加完成后，需要删除单元格的背景颜色实现最终的效果，效果如图 4-15

所示。添加背景图片的方式同样适用于单元格，设置方法与表格相同，在此不再赘述。

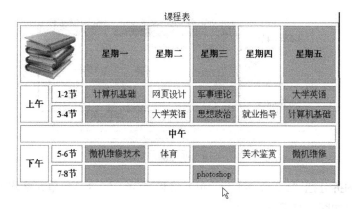

图 4-13　选择整个表格方式二

图 4-14　给表格添加背景图片

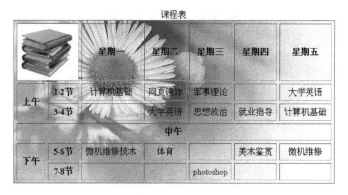

图 4-15　课程表最终效果图

二、制作细线表格

设置表格的边框，可以制作边框为"1 像素"的表格，但是这种表格的边框看起来仍然不够美观，我们可以利用单元格的间距与背景颜色来制作细线表格。图 4-16 给出边框为"1 像素"的表格和细线表格的区别，细线表格是不是更加精美？下面开始制作细线表格。

边框为1像素的表格		

细线表格		

图 4-16　细线表格的对比图

（1） 插入一个 3 行 3 列的表格，各项参数设置如图 4-17 所示，其中需要特别注意的是单元格的间距设置为 1 像素，这一点至关重要，是我们细线表格能否制作成功很重要的一步。

（2）选择"拆分"模式，设置整个表格的背景颜色为红色（颜色可以任意指定），设置方式如图 4-18 所示。

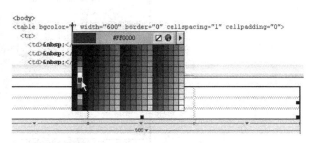

图 4-17　细线表格参数设置　　　　　　图 4-18　设置表格的背景颜色

（3）依次选中所有的单元格，设置单元格的背景颜色为白色，如图 4-19 所示。

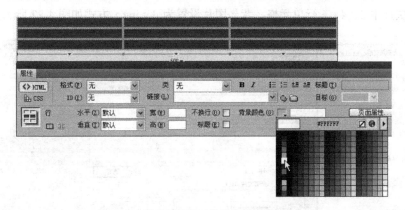

图 4-19　设置所有单元格的背景颜色为白色

（4）保存，按【F12】键预览可以看到效果。为了更明显地看到细线表格的"细"，现制作边框为 1 像素的表格进行对比，效果如图 4-20 所示。

图 4-20　细线表格完成效果图

三、制作虚线表格

精美的虚线表格在网页中的应用非常多，接下来学习虚线表格的制作。制作虚线表格要用到一张辅助图片，在 image 文件夹下有一张名称为 dot.jpg 图片。

（1）插入一张表格，参数设置如图 4-21 所示。边框粗细、单元格间距、单元格边距设置为 0。

图 4-21　插入 6 行 1 列的表格

（2）依次选中 2、4、6 行单元格，背景图片设置为 dot.jpg，方式如图 4-22 所示。

图 4-22　插入背景图片 dot.jpg

（3）将第 2 行、第 4 行、第 6 行的高度设置为 3 像素（图片的高度为 3，设置行高由图片的尺寸来决定），同时要注意很重要的一点：在拆分模式下，我们看到虽然第 2 行、第 4 行、第 6 行没有任何内容，但是却有一个 ，这个符号在 XHTML 代码中表示空格，空格默认占据 16 像素的高度。为了实现设置的行高 3 像素，我们必须要将第 2 行、第 4 行、第 6 行代码中的 删除掉。方式如图 4-23 所示。

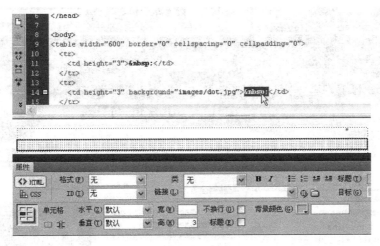

图 4-23　设置行高，删除

（4）输入文字后保存，按【F12】键预览，效果如图 4-24 所示。

- 网页设计课程调整到周四晚 7-8 节！

- 元旦放假通知

- 青年文明号奖励已经下发到各单位，请查看！

图 4-24　虚线表格效果图

4.1.3　任务实施

学习了表格的基本知识后，接下来我们一起动手来制作韩创教育网的主页。

1. 分析效果图

首先，分析一下韩创教育网主页的效果图，该主页效果图如图 4-25 所示。根据效果图可以划分出相应的布局区域，如图 4-26 所示。

2. 使用表格布局网页

（1）制作首页页头。

在"设计"视图下，执行"插入"→"表格"命令。插入一个 1 行 1 列的表格，宽度为 988 像素，其他属性为 0，设置表格对齐方式为居中对齐。

单击该表格中的单元格，执行"插入"→"图片"命令，插入图片 logo.jpg，效果如图 4-27 所示。

（2）制作导航栏。

执行菜单"插入"→"表格"命令，插入一个 1 行 8 列的表格。设置表格的宽度为 988 像素，

图 4-25　韩创教育网主页效果图

图 4-26　韩创教育表格布局划分效果图

图 4-27　插入 logo.jpg 完成页头的制作

表格的边框、单元格边距、单元格间距都设置为 0。设置表格对齐方式为居中对齐，设置前 7 个单元格每个宽度为 100 像素，高度为 52 像素，背景图片为 navback.jpg。第 8 个单元格插入图片 search.jpg，然后输入导航栏的栏目文字，效果如图 4-28 所示。

| 网站首页 | 公司简介 | 管理咨询 | 在职读研 | 经典教育 | 在线留言 | 联系我们 | Search |

图 4-28　导航条完成制作

应当说明的是，本例中用 search.jpg 图片代替了表单搜索框的制作，表单的知识在本章随后的内容中会进行讲解。导航条栏目使用文字来代替超级链接，超级链接知识在本章随后的内容中将会进行讲解。导航条中的栏目文字的效果设置使用了 CSS 样式，CSS 的相关知识在第 5 章中会有详细的讲解。

（3）制作 banner。

执行菜单"插入"→"表格"命令，插入一个 1 行 1 列的表格。表格的宽度设置为 988 像素，表格的边框、单元格边距、单元格间距都设置为 0。设置表格对齐方式为居中对齐。单击表格中的单元格，插入图片 banner.jpg。制作完成后效果如图 4-29 所示。

图 4-29　制作 banner

（4）制作上部主体内容。

执行菜单"插入"→"表格"命令，插入一个 1 行 3 列的表格。设置表格的宽度为 988 像素，表格的边框、单元格边距、单元格间距都设置为 0 像素。设置表格对齐方式为居中对齐。

选择该表格的第 1 个单元格，设置其宽度为 390 像素，单元格对齐方式为水平居中、垂直顶端对齐。

选择该表格的第 2 个单元格，设置其宽度为 290 像素，单元格对齐方式为水平居中、垂直顶端对齐。

选择该表格的第 3 个单元格，设置其宽度为 308 像素，单元格对齐方式为水平居中、垂直顶端对齐。

制作完成后的效果如图 4-30 所示。

图 4-30 制作主体内容区域

（5）制作栏目间分隔表格。

执行菜单"插入"→"表格"命令，插入一个 1 行 1 列的表格。设置表格的宽度为 988 像素，表格的边框、单元格边距、单元格间距都设置为 0 像素。设置表格对齐方式为居中对齐。

选中该表格的单元格，设置单元格的高度设置为 4 像素。在"拆分"模式下，删除该单元格中的 。这样做的原因，在前面"虚线表格"的制作中进行了详细的讲解，在此不赘述。制作分隔页面的作用是为了使页面看起来更加美观。

（6）制作"新闻动态"栏目。

① 制作"新闻动态"栏目标题行。

执行菜单"插入"→"表格"命令，插入一个 1 行 1 列的表格。设置表格的宽度为 390 像素，表格的边框、单元格边距、单元格间距都设置为 0 像素，设置单元格对齐方式为水平居中、垂直顶端。

单击选中该单元格，执行菜单"插入"→"表格"命令，插入一个 1 行 2 列的表格。设置表格的宽度为 390 像素，表格的边框、单元格的边距、单元格的间距都设置为 0 像素。依次设置 3 个单元格宽度为 110 像素、106 像素、174 像素，设置单元格高度为 34 像素。在"拆分"模式下，给第 1 和第 2 个单元格分别设置背景图片 backtitle1.jpg 和 backtitle2.jpg。制作完成后的效果如图 4-31 所示。

② 制作"新闻动态"栏目主体。

单击图 4-31 中红色线框选中的单元格，执行菜单

图 4-31 新闻栏目标题行

"插入"→"表格"命令，插入一个 16 行 1 列的表格。表格宽度设置为 390 像素，表格的边框、单元格的边距、单元格的间距都设置为 0 像素。设置表格对齐方式为居中对齐。

根据"相关知识"中讲解的"制作虚线表格"的方式，制作虚线表格。依次选中表格的第 2 行、第 4 行、第 6 行、第 8 行、第 10 行、第 12 行、第 14 行、第 16 行，设置单元格的高度为 3 像素，背景图片为 dot.jpg。在"拆分"模式下，依次删除第 2 行、第 4 行、第 6 行、第 8 行、第 10 行、第 12 行、第 14 行、第 16 行中的 。制作的原理在制作"虚线表格"中有详细的讲解，有问题的同学可以返回查阅。

制作完成后的效果图如图 4-32 所示。

③ 输入内容。

根据效果图依次设置单元格的对齐方式，输入文字，最终的效果如图 4-33 所示。

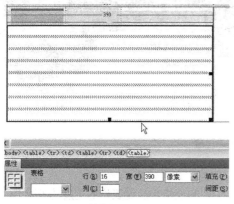

图 4-32　制作新闻内容虚线

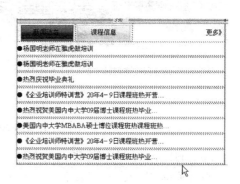

图 4-33　添加文字内容

采用 CSS 设置表格边框、设置标题样式后，完成最终效果图。CSS 样式设置在随后第 5 章里有详细讲解，在此不述。边框的制作也可采用前面讲过的细线表格。完成后效果如图 4-34 所示。

（7）制作"咨询 成功案例"栏目。

为了美观，在"新闻动态"栏目制作完成后制作分隔表格。制作完成后进行"咨询 成功案例"栏目的制作。

① 制作"咨询 成功案例"栏目页头。

执行菜单"插入"→"表格"命令，插入一个 1 行 1 列的表格。设置表格的宽度为 390 像素，表格的边框、单元格边距、单元格间距都设置为 0 像素，设置单元格对齐方式为水平居中垂直顶端。"咨询 成功案例"栏目

图 4-34　新闻动态栏目最终效果图

页头制作方式与"新闻咨询"栏目页头制作相似，在此不再赘述。制作完成后的效果如图 4-35 所示。

② 制作"咨询 成功案例"栏目主体。

单击单元格，执行菜单"插入"→"表格"命令，插入一个 4 行 3 列的表格。表格的宽度设置为 390 像素，表格的边框、单元格的边距设置为 0 像素，单元格的间距设置为 5 像素。设置单元格对齐方式为水平居中、垂直居中，效果如图 4-36 所示。

图 4-35　制作咨询栏目页头

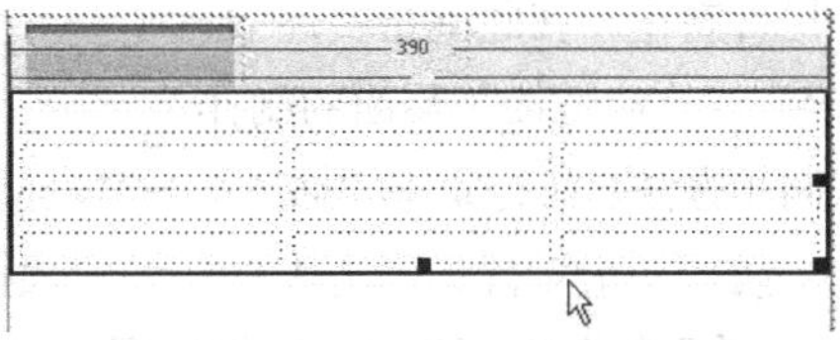

图 4-36　咨询栏目图片列表

③ 输入内容。

在相应的位置输入文字，插入图片，设置 CSS 样式后，最终效果如图 4-37 所示。

使用同样的方式可以制作"企业管理咨询"栏目、"管理培训"栏目、"经典教育"栏目、"热点咨询"栏目、"服务项目"栏目，制作完成后的效果如图 4-38 所示。这些栏目制作完成后需要制作一个 1 行 1 列的分隔表格，高度为 4 像素，删除单元格内的 ，在此不再赘述。

图 4-37　咨询栏目最终效果图

图 4-38　上部主体区域栏目制作

（8）制作下部区域。

执行菜单"插入"→"表格"命令，插入一个 1 行 2 列的表格。设置表格的宽度为 988 像素，表格的边框、单元格边距、单元格间距都设置为 0 像素。

依次选中 2 个单元格，设置单元格对齐方式为水平居中垂直顶端。左侧单元格的宽度为 680像素，右侧单元格的宽度为 308 像素。

左侧单元格中制作"管理培训"栏目，表格的宽度设定为 660 像素。制作完成后的效果如图 4-39 所示。

右侧单元格制作"服务项目"和"企业链接"栏目，表格的宽度设定为 300 像素。

① "服务项目"的制作方式如"新闻动态"栏目制作，在此不再赘述。

② "企业链接"页面的制作。

制作方法：执行菜单"插入"→"表格"

图 4-39　管理培训栏目制作

命令，插入一个 2 行 2 列的表格。设置表格的宽度为 300 像素，表格的边框、单元格边距设置为 0，设置单元格的间距为 5，操作如图 4-40 所示。

单元格的对齐方式设置为水平垂直居中更对齐。依次选中 4 个单元格，在单元中执行"插入"→"图片"。选中插入的图片，在下方的"属性面板"中，设置图片的边框为 1 像素边框(B) 1 。完成操作后如图 4-41 所示。

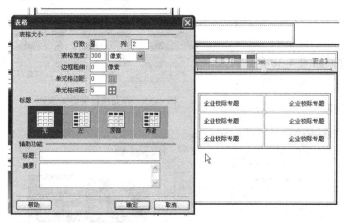

图 4-40　制作"企业链接"

图 4-41　插入图像

下部内容区制作完成后的效果如图 4-42 所示。

图 4-42　下部主体区域完成效果图

（9）制作主页页脚。

执行菜单"插入"→"表格"命令，插入一个 1 行 1 列的表格。

设置表格的宽度为 988 像素，表格的边框、单元格边距、单元格间距都设置为 0 像素，设置单元格对齐方式为水平居中垂直居中。

选中表格的单元格，再次输入一个 2 行 1 列的表格，输入文字。完成制作后的效果如图 4-43 所示。

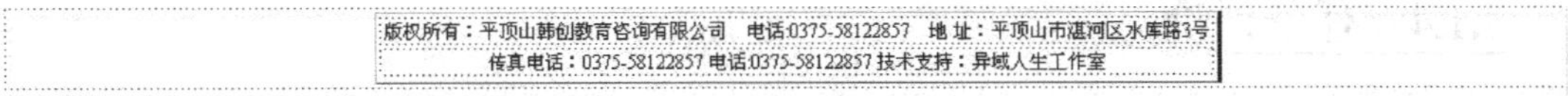

版权所有：平顶山韩创教育咨询有限公司　电话:0375-58122857　地 址：平顶山市湛河区水库路3号
传真电话：0375-58122857 电话:0375-58122857 技术支持：异域人生工作室

图 4-43　页脚区域制作

（10）完成主页制作。

在 中输入网页标题，保存为 index.html。

按【F12】键浏览完成主页的制作，最终效果如图 4-44 所示。

平顶山韩创教育咨询有限公司
Hanchuang Education Consulting Co., Ltd. Shanghai
咨询热线（24 小时服务）：0375-58122857
网站首页
公司简介
管理咨询
在职读研
经典教育
在线留言
联系我们
从这里走向世界，走向成功！
From here the world, success!
新闻动态
课程信息
更多》
企业管理咨询
热点咨询
杨国明老师在雅虎做培训
热烈庆祝毕业典礼
热烈祝贺美国内申大学09届
管理培训
咨　询
成功案例
经典教育
服务项目
企业校际专题
您的成功，才是我们的成功
PROPHET
版权所有：平顶山韩创教育咨询有限公司　电话:0375-58122857　地 址：平顶山市湛河区水库路3号
传真电话：0375-58122857 电话:0375-58122857 技术支持：异域人生工作室

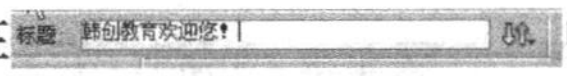

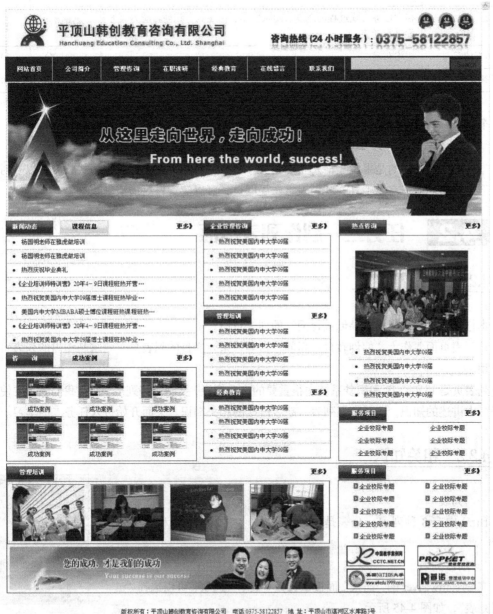

图 4-44　主页完成图

4.1.4 任务评价

本任务评价标准如表 4-1 所示

表 4-1   本任务评价标准

评分项目	评分标准	分值	比例
任务结果	熟练掌握框架的应用——制作内容页模板	0～50	50%
任务过程	根据任务实施过程的态度、团队协作、拓展能力和创新能力等方面进行考核	酌情打分	20%
知识的掌握	表格布局	酌情打分	20%
任务完成时间	在规定的时间内完成任务者得满分，每推迟 1 小时扣 5 分	0～20 分	10%

4.1.5 任务小结

本任务主要讲述的是采用表格来布局网页。表格用于在页面上显示表格式数据，以及对文本和图形进行布局的强有力工具。利用表格布局网页，可以使条目更加清晰。

4.2   任务二   制作列表页面

4.2.1 任务描述

本任务要求我们制作"韩创教育网"的列表页面。

该列表页面要作为"韩创教育"新闻栏目等一系列栏目的列表页，要求制作出的列表页面美观实用。

列表页是 PHPCMS 和织梦系统中很重要的一个模板，要制作好列表页面，我们除了要使用到任务一中讲述的知识，还要掌握列表、超级链接的相关知识。下面开始进入任务二的学习。

4.2.2 相关知识

一、列表

Html 中有 3 种列表，分表是项目列表 ul，编号列表 ol 和定义列表 dl。

1. 项目列表

在 Dreamweaver 的"插入"面板中选择"文本"选项，可以选择"ul 项目列表"，如图 4-45 所示。

图 4-45   项目列表

ul 项目列表的使用方式如下：

```
<ul>
<li>列表项 1</li>
```

```
<li>列表项 2</li>
<li>列表项 3</li>
<li>列表项…</li>
</ul>
```

其中，`<li>`称为列表项，在项目列表中`<li>`前方默认的符号为●，使用 CSS 可以改变默认的效果，此知识我们将在第 5 章中阐述。下面，我们使用项目列表制作中国菜系网页，效果如图 4-46 所示。

项目列表可以多层嵌套，嵌套后的效果如图 4-47 所示。

图 4-46　项目列表的应用

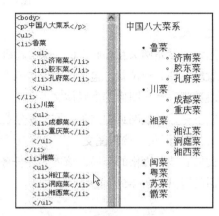

图 4-47　项目列表的嵌套

2. 编号列表

编号列表的结构为

```
<ol>
<li>项目 1</li>
<li>项目 2</li>
<li>项目…</li>
</ol>
```

下面，我们通过中国人口大省排名来展示编号列表，效果如图 4-48 所示。

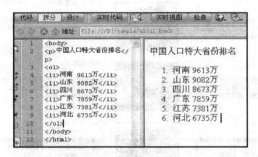

图 4-48　编号列表的应用

3. 定义列表

定义列表的结构为

```
<dl>
<dt>定义术语</dt>
<dd>定义说明</dd>
```

```
</dt>
```

接下来，通过例子来看一下什么是第一列表，参见图 4-49。

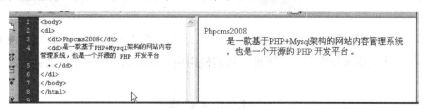

图 4-49 定义列表的应用

二、超级链接

超级链接是网页互相联系的桥梁，超级链接可以看做是一个"热点"，它可以从当前网页定义的位置跳转到其他位置，包括当前页的某个位置、Internet、本地硬盘或是局域网上的其他文件，甚至跳转到声音、图像等多媒体文件。

接下来，通过网页中国美食网，来掌握常见的超级链接的制作方式。

1．布局网页，输入图文

此内容涉及表格的布局，该内容在任务一中，已经进行了详细的讲解，在此不再赘述。制作完成后的网页如图 4-50 所示。

图 4-50 中国菜系网页布局

2．制作导航条

（1）创建文字超级链接。

创建文字超级链接的方法如下。

① 选中要创建超级链接的文字。

② 在"属性"面板中，执行如下操作之一。

● 单击"链接"文本框右侧的文件夹图标，浏览并选择一个超链接文件。

● 在"链接"文本框中直接输入文档的路径和文件名。

● 使用"指向文件"按钮，将超级链接指向"文件"面板中的页面，如图 4-51 所示。

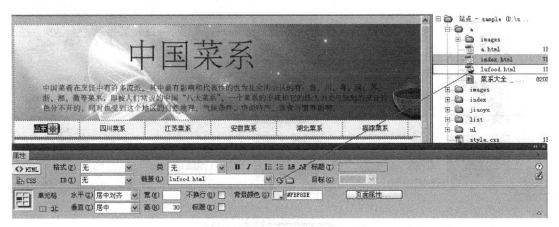

图 4-51　使用指向文件创建超级链接

从图 4-52 所示的"目标"下拉列表中选择文档的打开位置，选项含义如下。

● _blank：将链接的文档加载到一个新的"浏览器"窗口。

● _new：将链接的文档加载到新打开的同一个"浏览器"窗口显示。

● _parent：将链接的文档加载到该链接所在框架的父框架或者父窗口。

● _self：将链接的文档加载到该链接所在的统一框架或窗口，此为默认值。

● _top：将链接的文档加载到整个"浏览器"窗口，从而删除所有框架。

图 4-52　"目标"弹出菜单

在文字上依次建立超级链接之后，效果如图 4-53 所示。

（2）创建图片超级链接。

① 图像超链接。

创建方式与创建文本超级链接一样，区别在于选择的不是文字而是图片。如图 4-54 所示。

② 图像热点超链接。

图像热点也叫图像地图，是指在一幅图像中定义若干个区域（这些区域被称为热点），每个区域中制订一个不同的超链接，当单击不同区域时可以跳转到相应的目标页面。图片热点工具的使用如图 4-55 所示。

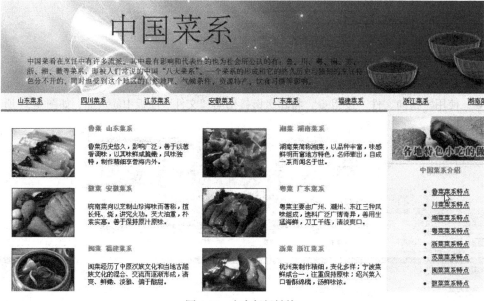

图 4-53　文字超级链接

图 4-54　图像超级链接

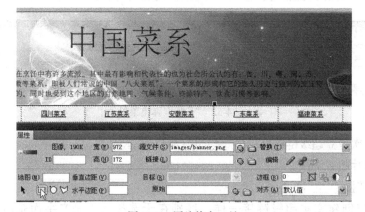

图 4-55　图片热点工具

图片热点工具可以根据用户的需求创建矩形□热点区域、圆形◯热点区域和多边形▽热点区域。

热点区域选定后，进入编辑页面，设定跳转的地址，如图 4-56 所示。

图 4-56　设置图像热点属性

（3）建立外部超级链接。

外部超级链接是指来自网站以外的链接。建立外部链接的方式很简单，选择需要创建链接的文字或图片，在"属性"面板的"链接"文本框里输入网站的 URL 地址即可。

如图 4-57 所示，在文字"美食天下"上建立外部超级链接，连接到"美食天下"网站。

图 4-57　建立外部超级链接

（4）建立 E-mail 邮件超级链接。

在很多网站中会看到网站管理员或公司的 E-mail 超级链接，单击这些链接，将打开默认的电子邮件程序，并自动填写邮件地址。

建立邮件超级链接的方式：选择相应的文字或图片，在"属性"面板的"链接"地址栏中输入"mailto:邮箱地址"，图 4-58 所示为在"联系我们"文字上建立邮件超级链接。

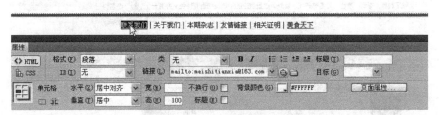

图 4-58　建立 E-mail 超级链接

需要注意的是，"mailto"后面链接的邮箱地址就是电子邮件程序中自动填写的接收邮件的地址。

（5）建立下载链接。

如果链接到的文件不是 HTML 文件，则该文件将作为下载文件。建立下载链接的方式是，选择建立链接的文字或图片，在"属性"面板的"链接"地址栏中输入下载文件的名称。如图 4-59

所示，点击"本期杂志"可下载对应的文件。

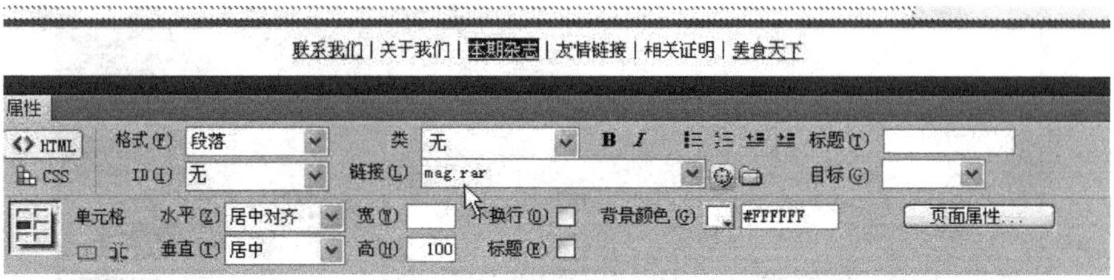

图 4-59　建立下载链接

（6）锚记。

锚记（锚点超级链接）是指可在一个网页的某个位置定义书签，然后用户可以建立指向这些书签的链接。

在页面中建立锚记的方式是，首先选择建立书签的位置。如图 4-60 所示，在"去摩登日料店吃炉端烧（图）"后面单击"插入"面板→"命名锚记"。在弹出的窗口中输入锚记名称（锚记名称不能包含空格），例如，将锚记命名为"top"，设置如图 4-61 所示。

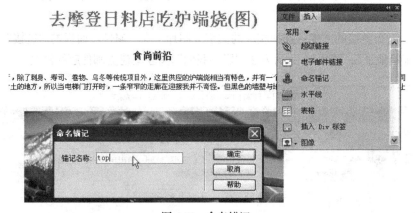

图 4-60　建立锚记

图 4-61　命名锚记

选择需要建立锚记链接的文字和图片，在"属性"面板的"链接"地址栏中输入：#+锚记名称，建立锚记链接。由于在命名锚记的时候起名为"top"，所以在链接的地址中需要输入的是"#top"，如图 4-62 所示。

设置完成后当单击网页中的文字"顶部"时，会跳转到网页的顶部即设置的锚记的位置。

右转，穿过了黑洞自然就超然开朗了，见不到铺天盖地的传统元素，却出现了三个可以360度自由旋转的"笼子"，整整齐齐地排在餐厅中央。"笼子"的官方名称叫落地木帘，但我觉得还不够贴切，这岂止是帘子呢，简直就是一个迷你包厢。与西方人的习惯不同，东方人总是喜欢留出一些私人的独立空间，或者说披上一层似有若无的面纱便更有安全感。

地址：香港九龙旺角上海街555号朗豪酒店三楼

【返回】【顶部】【本期食尚杂志下载】

图 4-62　建立锚记链接

4.2.3　任务实施

学习了列表以及超级链接的知识后，就开始制作韩创教育网的列表页面。

对列表页面效果图进行分析，使用表格布局网页。网页的效果如图 4-63 所示，表格布局分析如图 4-64 所示。

图 4-63　列表页面效果图

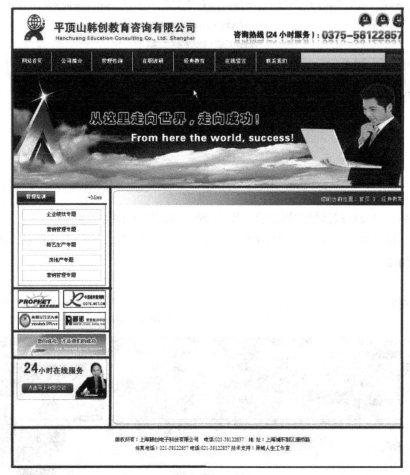

图 4-64　列表页面布局分解图

1. 使用表格布局页面

表格布局在任务一中已经进行了详细的讲述，此处不赘述，仅讲解"管理培训"栏目的制作方式来对表格布局知识进行回顾。

（1）执行菜单"插入"→"表格"命令，插入 1 行 2 列的表格。设置表格的宽度为 220 像素。设置表格的边框、单元格的边距、单元格的间距为 0 像素。

（2）设置表格的第 1 个单元格的宽度为 110 像素，高度为 34 像素。在"拆分"模式下，设置单元格的背景图片为"back_title1.jpg"。设置单元格对齐方式为水平居中、垂直居中对齐。

设置第 2 个单元格的对齐方式为水平右对齐、垂直居中对齐。

完成设置后输入文字，制作效果如图 4-65 所示。

（3）执行菜单"插入"→"表格"命令，插入一个 5 行 1 列的表格。表格的宽度设置为 220 像素，设置表格的边框和单元格边距为 0 像素，单元格间距为 10 像素，各项参数设置如图 4-66 所示。

（4）单元格的对齐方式为水平居中、垂直居中对齐。设置完成后输入文本内容，制作效果如图 4-67 所示。

（5）继续布局网页完成页面布局，完成后如图 4-68 所示。

图 4-65 制作"管理培训"栏目头

图 4-66 插入表格

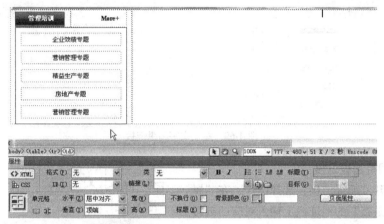

图 4-67 "管理培训"效果图

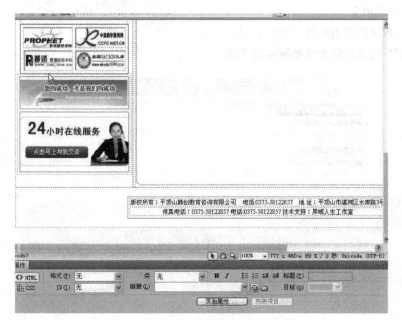

图 4-68 布局完成图

2．建立文字链接

为导航条建立超级链接，导航条中输入的是文字，所以建立的是文字超级链接。建立完成后的效果如图 4-69 所示。

图 4-69　建立文字超级链接

3．建立图片超级链接

在图片上建立超级链接：选择图片，在"属性"面板的"链接"的地址栏上输入对应的链接地址。制作方法如图 4-70 所示。

4．建立列表内容

制作主内容区的列表项目，对列表项目建立超级链接，制作完成后的效果如图 4-71 所示。

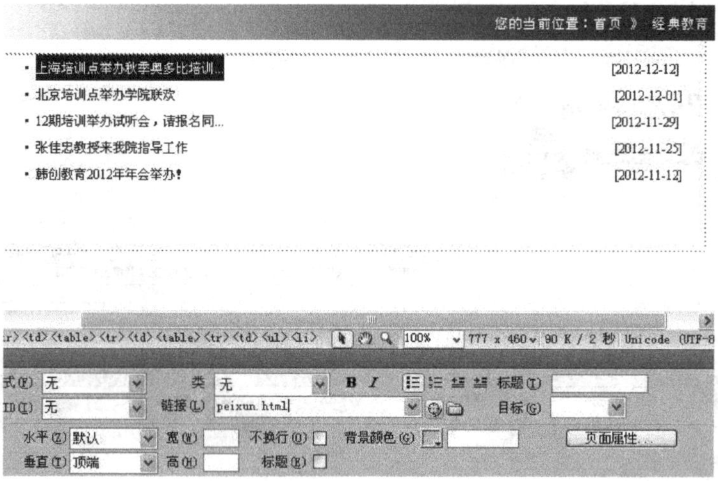

图 4-70　在图片上建立企业外部链接

图 4-71　主内容区列表制作

5．制作最终效果

制作完成最终效果如图 4-72 所示。

图 4-72　列表页制作最终效果图

4.2.4　任务评价

本任务评价标准如表 4-2 所示。

表 4-2　　　　　　　　　　　　　　本任务评价标准

评分项目	评分标准	分值	比例
任务结果	熟练掌握列表知识——制作列表页栏目列表	0～20 分	50%
	熟练掌握文字超级链接的使用——制作导航条	0～10 分	
	熟练掌握图片超级链接的使用——制作链接企业	0～10 分	
任务过程	根据任务实施过程的态度、团队协作、拓展能力和创新能力等方面进行考核	酌情打分	20%
知识的掌握	列表、超级链接	酌情打分	20%
任务完成时间	在规定的时间内完成任务者得满分，每推迟 1 小时扣 5 分	0～20 分	10%

4.2.5 任务小结

本任务主要讲述了列表页面的制作，在列表页面的制作中，我们熟练地掌握了列表和超级链接的使用。

超级链接是组成网站的基本元素，是它将千千万万个网页组织成一个个网站，又是它将千千万万个网站组织成了风靡全球的 WWW，因此可以说超级链接就是 Web 的灵魂。

4.3 任务三 制作内容页面

4.3.1 任务描述

本任务要求我们制作"韩创教育网"内容页面的制作，要求根据内容页面的效果图使用 Dreamweaver CS5 制作出美观大方的内容页面。

为完成任务，需要掌握图文混排的知识以及表单的相关知识。接下来，打开 Dreamweaver CS5，一起进入任务三的学习。

4.3.2 相关知识

一、图文混排

下面通过制作鲁菜页面（lufood.html）来讲解图文混排的知识。

1. 搭建 lufood.html 页面

根据我们学过的表格布局知识，搭建页面。搭建完成的页面如图 4-73 所示。

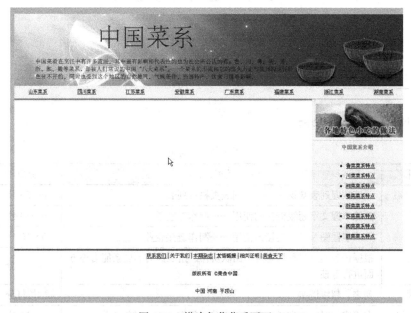

图 4-73 搭建鲁菜菜系页面

2. 设置图文混排

在内容区输入文字，插入图片，通过在"属性"面板中设置图片的"对齐"方式来实现图文混排。效果如图 4-74 所示。

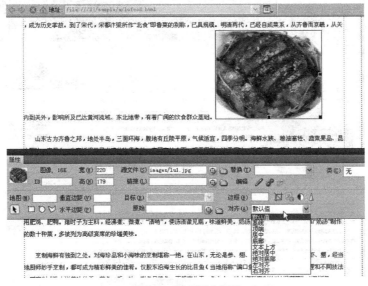

图 4-74　设置图文混排

设置"属性"面板中的"对齐"的含义如下。

- 默认值：制订基线对齐。
- 基线：将文本的基线与选定对象的底部对齐。
- 顶端：将图像的顶端与当前行中最高项的顶端对齐。
- 居中：将图像的中线与当前行的基线对齐。
- 底部：将文本的底部与选定对象的底部对齐。
- 文本上方：将图像的顶端与文本行中最高字符的顶端对齐。
- 绝对居中：将图像的中线与当前行中文本的中线对齐。
- 绝对底部：将图像的底部与文本行的底部对齐。
- 左对齐：将所选图像放置在左侧，文本在图像的右侧换行。
- 右对齐：将图像放置在右侧，文本在对象的左侧换行。

"属性"面板中的"边框" 指的是给图片添加边框。

"属性"面板中的"垂直边距"、"水平边距" 指的是图片与周围内容的边距。

3. 最终效果图

图文混排设置完成后，最终效果如图 4-75 所示。

二、表单

下面通过制作用户注册页面（regist.html）来掌握表单的知识。

1. 搭建 regist.html 页面

页面搭建完成后的效果，如图 4-73 所示，在此不再赘述。

2. 制作注册登入模块

在 Dreamweaver CS5 中，制作表单可以通过"表单对象"来实现。"表单对象"位于"插入"

工具栏的"表单"类别中，如图 4-76 所示。

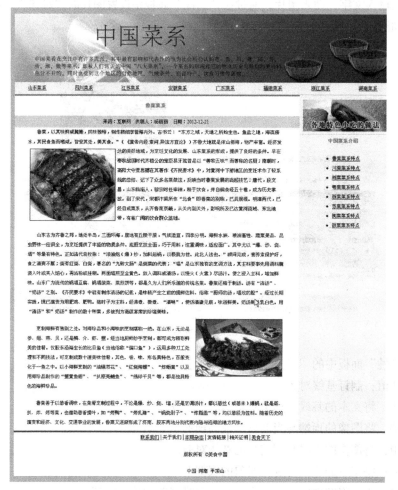

图 4-75　图文混排效果图

图 4-76　表单对象

表单对象从左到右的顺序依次是表单、文本字段、隐藏域、文本域、复选框、单选按钮、列表/菜单、跳转菜单、图像域、文件域、命令按钮、标签、字段集和 Spry 构件（红色下画线所示区域）等。

（1）插入表单。

单击"插入"面板"表单"类别中的"表单"按钮□，生成的表单如图 4-77 所示。在设计视图中，表单以红色的轮廓虚线表示。选中表单，其"属性"面板如图 4-78 所示。

图 4-77　生成的表单

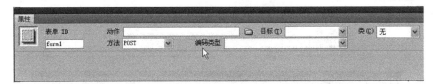

图 4-78　表单属性

表单各个属性含义如下。

● 表单 ID：表单的标识号。

● 动作：表单处理的方式。

● 方法：表单数据的传递方向，是获得（GET）表单还是送出（POST）表单。

● 目标：指定一个窗口来显示被调用程序返回的数据。

● 编码类型：指定对提交给服务器进行处理的数据使用 MIME 编码类型。

● 类：用户可以将 CSS 规则应用于对象。

（2）插入文本域。

单击"插入"面板"表单"类别中的"文本域"按钮 ⊡，生成文本域，如图 4-79 所示。

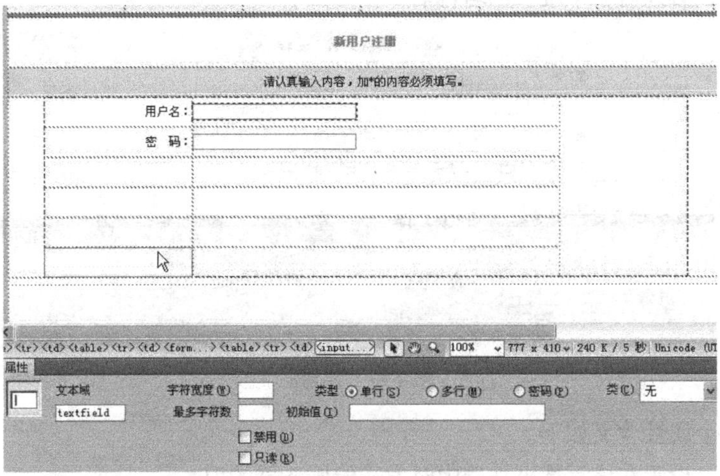

图 4-79　生成文本域

文本域的各个属性含义如下。

● 字符宽度：指定域中最多可显示的字符数。此数字可以小于"最多字符数"。

● 最多字符数：指定用户在当行文本域中最多可输入的字符数。

● 禁用：禁用文本区域。

● 只读：使文本区域成为只读文本区域。

● 初始值：制订在首次加载表单时域中显示的值。

● 类型：选择"单行"，显示的是输入的字符；选择"密码"，显示的是"*"符号。

● 类：用户可以将 CSS 规则应用于对象。

（3）插入单选按钮。

单击"插入"面板"表单"类别中的"单选按钮"按钮 ◉，生成单选按钮如图 4-80 所示。

单选按钮代表互相排斥的选择。要实现这一效果，同一组单选按钮的名称必须一致。

单选按钮的各个属性含义如下。

111

图 4-80　单选按钮

- 选定值：设置在该单选按钮被选中时发送给服务器的值。
- 初始状态：确定在浏览器加载表单时，该单选按钮是否处于被选中状态。
- 类：用户可以将 CSS 规则应用于对象。

（4）插入复选框。

单击"插入"面板"表单"类别中的"复选框"按钮，生成复选框如图 4-81 所示。复选框用于在页面中某些地方列出几个项目，允许用户在一组选项中选择多个选项。每个复选框都是一个独立的元素，都必须有一个唯一的名称。

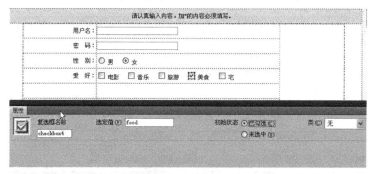

图 4-81　复选框

复选框的各个属性含义如下。

- 选定值：设置在该复选框被选中时发送给服务器的值
- 初始状态：确定浏览器中加载表单时，该选框是否处于选中状态。
- 类：用户可以将 CSS 规则应用于对象。

（5）插入—列表/菜单。

单击"插入"面板"表单"类别中的"列表/菜单"按钮，生成列表如图 4-82 所示。

列表/菜单的各个属性含义如下。

- 列表/菜单：为该菜单指定一个名称，该名称是唯一的。
- 类型：选择该菜单是下拉菜单，还是显示一个可滚动的项目列表。
- 高度：在"列表"类型中设置菜单中显示的项数。
- 选定范围：在"列表"类型中指定用户是否可以从列表中选择多个项。
- 列表值：向菜单添加选项。
- 类：用户可以将 CSS 规则应用于对象。

（6）插入文本区域。

单击"插入"面板"表单"类别中的"文本区域"按钮，生成文本区域如图 4-83 所示。

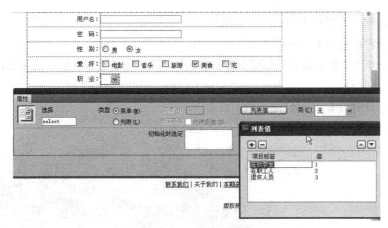

图 4-82 列表菜单

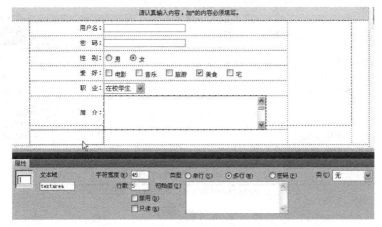

图 4-83 文本区域

（7）按钮。

单击"插入"面板"表单"类别中的"按钮"按钮，生成复选框如图 4-84 所示。按钮对于一个交互表单来说是必不可少的。

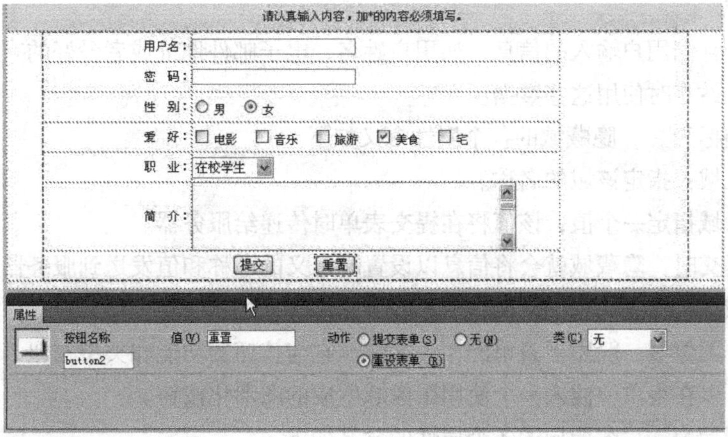

图 4-84 按钮

按钮各个属性的含义如下。

- 按钮名称：为该按钮指定一个名称。
- 值：设置在按钮上显示的文本。
- 动作：单击"提交按钮"时提交表单数据，单击"重设表单"时清除表单内容，"无"提交时要执行一定的动作。
- 类：用户可以将 CSS 规则应用于对象。

至此，用户注册页面完成，最终效果如图 4-85 所示。

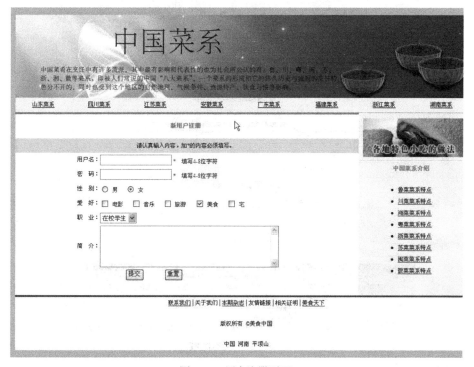

图 4-85　用户注册页面

除此之外，还有一些常见的表单元素在本页面中没有涉及。下面列出这些表单元素供同学们自学使用。

（8）隐藏域。

隐藏域用于存储用户输入的信息，如用户姓名、电子邮件地址或者爱好的查看方式，并在该用户下次访问此站点时使用这些数据。

隐藏域的图标为🔲，隐藏域的各个属性含义如下。

- 隐藏区域：指定该域的名称。
- 值：为域指定一个值，该值将在提交表单时传递给服务器。

当表单被提交时，隐藏域就会将信息以设置时定义的名称和值发送到服务器上。

（9）图像域。

在表单中，图像域一般用于表单的相关操作。它与按钮的功能和类型相似，只是以图片的方式显示。用户可以在表单中插入一个使用图像域生成的图形化按钮。

图像域的图标为🖼，图像域的各个属性的含义如下。

- 图像区域：为该按钮制订一个名称。
- 源文件：指定要为该按钮使用的图像。

- 替换：用于输入描述性文本，一旦图像在浏览器中加载失败，将显示这些文本。
- 对齐：设置图像的对齐属性。
- 编辑图像：启动默认的图像编辑器，并打开该图像的文件以进行编辑。
- 类：用户可以将 CSS 规则应用于对象。

（10）文件域。

使用文件域可以让访问者上传自己的文件到服务器，文件域的图标为，文件域的各个属性含义如下。

- 文件域名称：指定该文件域对象的名称。
- 字符宽度：指定域中最多可显示的字符数。
- 最多字符数：指定域中最多可容纳的字符数。

4.3.3　任务实施

学习了图文混排和表单的知识后，就一起来制作韩创教育网站的内容页面吧！首先来分析一下内容页的效果图（见图 4-86），同时对内容页进行布局划分，划分完成后如图 4-87 所示。

图 4-86　韩创教育内容页

1．布局页面

使用学过的表格布局，对页面进行布局，布局完成后的效果如图 4-88 所示。

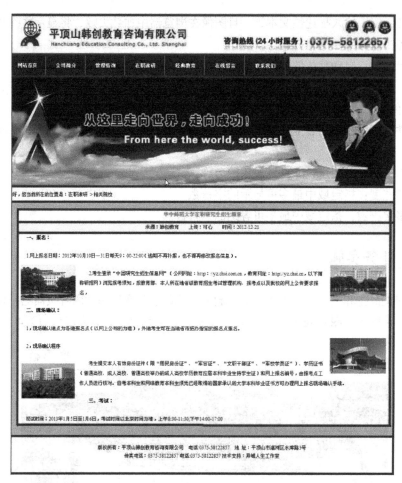

图 4-87　布局分解效果图

图 4-88　表格布局完成后的页面

2. 制作"搜索"栏目

在学习了表单的相关知识后，接下来开始动手制作"搜索"栏目。

（1）在单元格插入"表单"，如图 4-89 所示。

图 4-89　插入"表单"

（2）在"表单"中插入"文本域"，如图 4-90 所示。

图 4-90　插入"文本域"

（3）在"表单"中插入"按钮"，如图 4-91 所示。按钮值输入"搜索"。

图 4-91　插入"按钮"

3. 输入文字，插入图片

输入文字，插入图片，设置图片的对齐方式，图文混排效果如图 4-92 所示。

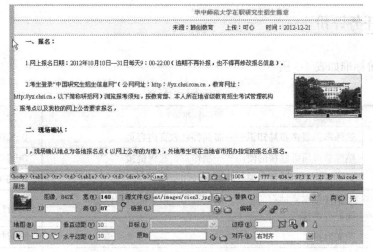

图 4-92　图文混排

4．制作完成

保存制作的页面，按【F12】键进行预览，完成页面的制作。最终效果如图 4-93 所示。

图 4-93　最终效果图

4.3.4　任务评价

本任务评价标准如表 4-3 所示。

表 4-3　　　　　　　　　　　　　　　本任务评价标准

评分项目	评分标准	分值	比例
任务结果	熟练掌握表格布局知识——布局韩创教育内容页	0～10 分	50%
	熟练掌握超级链接的使用——制作页面超级链接	0～10 分	
	熟练掌握图文混排知识——制作新闻页面	0～30 分	
任务过程	根据任务实施过程的态度、团队协作、拓展能力和创新能力等方面进行考核	酌情打分	20%
知识的掌握	图文混排	酌情打分	20%
任务完成时间	在规定的时间内完成任务者得满分，每推延 1 小时扣 5 分	0～20 分	10%

4.3.5　任务小结

本任务中主要学习了图文混排以及表单的知识。

网页内容的排版精美与否，图文混排起着非常重要的作用，熟练掌握图文混排的使用方法，可以让我们的网页制作得更加美观。

表单是用于实现浏览者与网页制作者之间信息交互的一种网页对象，在 Internet 中，表单被广泛应用于各种信息的搜索与反馈。在今后的 php 内容学习中也会广泛应用到表单，所以同学们要熟练掌握表单的相关知识。

4.4　任务四　创建与应用模板

4.4.1　任务描述

本任务主要讲述模板的相关知识，模板属于站点资源，可以很大程度上提高网页制作的效率。如果希望站点中的网页享有某种特性，如相同的布局结构、相似的导航栏等内容，模板是非常有用的。准备好了吗？那就一起进入任务四的学习吧。

4.4.2　相关知识

制作"美食中国"中各菜系特点模板页面。

1．新建模板

新建模板的方式有两种：一种是从现有文档中新建模板，另一种是从新建的空白文档中新建模板。

接下来，我们演示制作从现有文档中新建模板的方式。利用已经存在的 lufood.html（鲁菜菜单特点）页面，制作生成模板用来制作其他菜系特点的页面。

首先，观察 lufood.html 页面，确定保存为模板的区域。由图 4-94，我们可以分析出保存为模板的区域。红色线框内的内容是变化的，其他区域的内容是固定的。

2．布局模板页面

利用我们学过的表格、图文知识搭建模板页面，搭建完成后的页面如图 4-95 所示。

3．创建可编辑区域

在模板中，可编辑区域是要制作的页面的一部分，对于基于模板的页面，能够改变可编辑区域的内容。

创建可编辑区域，可以执行以下操作。

（1）选择要设置为可编辑区域的文本或内容。

（2）将插入点放在想要插入可编辑区域的地方。

具体操作如图 4-96 所示，在图中我们依次创建 3 个可编辑区域。弹出的可编辑区域命名窗口，如图 4-97 所示。

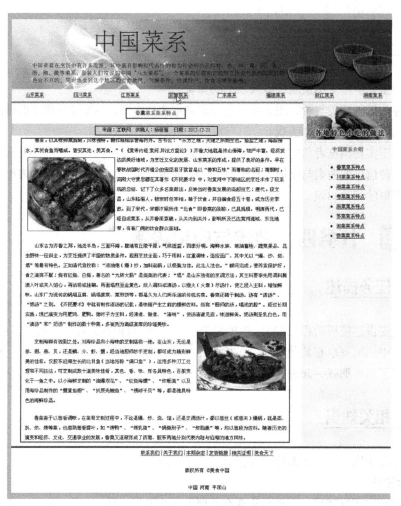

图 4-94　分析模板区域

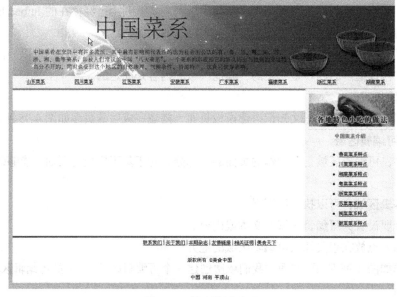

图 4-95　搭建模板页面

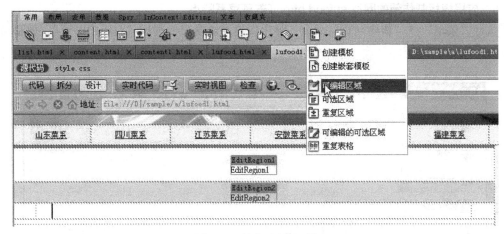

图 4-96　创建可编辑区域

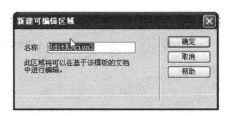

图 4-97　新建可编辑区域命名

4．保存模板

保存模板的方式如图 4-98 所示。

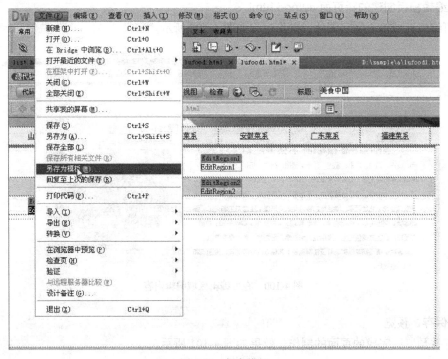

图 4-98　保存模板

5．应用模板制作新的网页 sufood.html（苏菜菜系特点）

执行"菜单"→"新建网页"命令，弹出新建网页窗口，选择"模板中的页"，如图 4-99 所示。

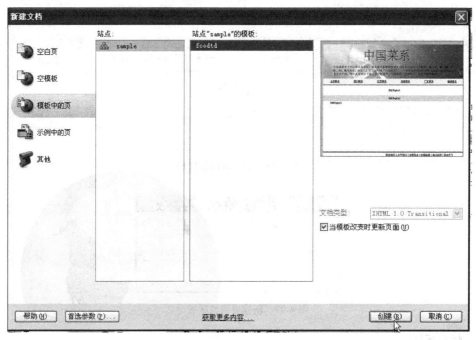

图 4-99　创建模板页

6．编辑模板创建的新页面 sufood.html

在可编辑区域输入文字图片，操作过程如图 4-100 所示。

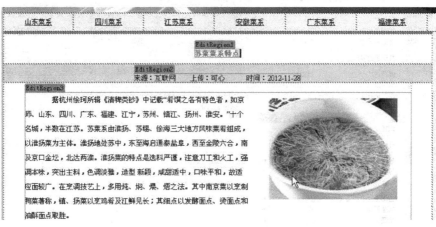

图 4-100　在可编辑区域编辑内容

7．保存、预览

保存并预览已完成的页面的制作，效果如图 4-101 所示。

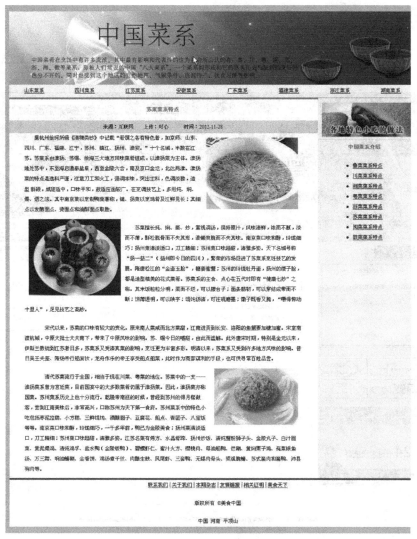

图 4-101　苏菜特色完成效果图

4.4.3　任务实施

学习了模板的知识后，就开始制作韩创教育网站的 list.html 页面的模板。

1. 分析页面，选定可编辑区域

分析 list.html 页面，选定哪些区域是固定的，哪些内容是需要编辑的。分析后的可编辑区域如图 4-102 中红色线框所示。

2. 插入"可编辑"区域

将红线框起来的内容删除掉，然后选择"插入"面板→"模板"→"可编辑区域"，制作如图 4-103 所示。

3. 文件另存为模板

执行"文件"→"另存为模板"，弹出窗口给模板命名如图 4-104 所示，完成模板的创建。

在站点目录下生成新的文件夹"Templates"，生成的模板位于该文件夹中，如图 4-105 所示，至此，完成模板页的制作。

图 4-102　确定可编辑区域

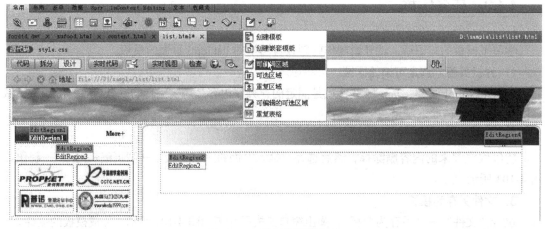

图 4-103　插入可编辑区域

图 4-104 另存为模板

图 4-105 生成的 Templates 文件夹

4.4.4 任务评价

本任务评价标准如表 4-4 所示。

表 4-4 本任务评价标准

评分项目	评分标准	分值	比例
任务结果	熟练掌握表格布局——制作内容页模板页面布局	0～10 分	50%
	熟练掌握超级链接的使用——制作导航条	0～10 分	
	熟练掌握模板的应用——创建内容页模板	0～30 分	
任务过程	根据任务实施过程的态度、团队协作、拓展能力和创新能力等方面进行考核	酌情打分	20%
知识的掌握	模板制作	酌情打分	20%
任务完成时间	在规定的时间内完成任务者得满分，每推迟 1 小时扣 5 分	0～20 分	10%

4.4.5 任务小结

本任务主要学习了模板的制作。

模板是网页编辑软件生成具有相似结构和外观的一种网页制作功能。用模板创建的网页具有某种特性，有相同的布局、相似的导航栏结构。在接下来的学习中，我们会应用到模板的相关知识，请同学们务必牢牢掌握模板的操作方法。

4.5 拓展实训：企业网站静态页面布局

4.5.1 实训目的

通过实训使学生更加熟练掌握 DreamweaverCS5 的使用，如表格布局、各种超级链接的应用、图文混排、表单和模板等知识的相关应用。

4.5.2 实训任务

本实训的任务包括如下 3 个。

（1）制作企业网站主页 index.html，完成后的效果如图 4-106 所示。

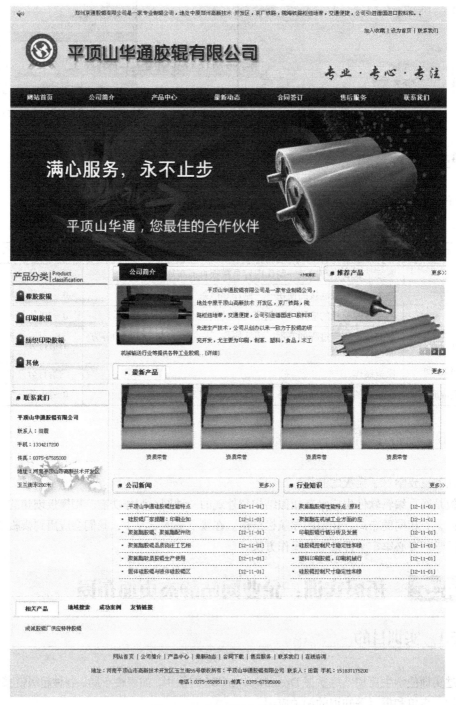

图 4-106 企业网站主页效果图

（2）制作企业网站列表页 list.html，完成后的效果如图 4-107 所示。

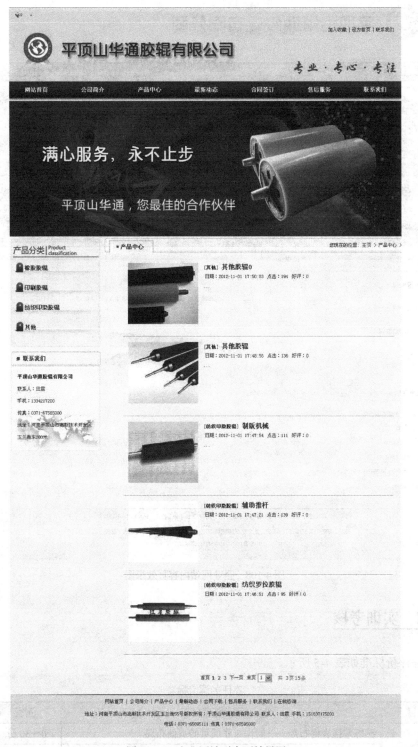

图 4-107　企业网站列表页效果图

（3）制作企业网站内容页 content.html，完成后的效果如图 4-108 所示。

图 4-108　企业网站内容页效果图

4.5.3　实训考核

本任务评价标准如表 4-5 所示。

表 4-5　　　　　　　　　　　　　　　本任务评价标准

评价项目	评分标准	分值	比例
任务结果	熟练掌握表格布局——制作 3 张网页的页面布局	0～30 分	50%
	熟练掌握超级链接的使用——制作网页中的导航和超级链接	0～30 分	
	熟练掌握图文混排相关知识——添加内容页	0～20 分	
	熟练掌握表单的相关知识——制作表单	0～20	

续表

评分项目	评分标准	分值	比例
任务过程	根据任务实施过程的态度、团队协作、拓展能力和创新能力等方面进行考核	酌情打分	20%
知识的掌握	DreamweaverCS5 相关知识	酌情打分	20%
任务完成时间	在规定的时间内完成任务者得满分，每推迟 1 小时扣 5 分	0～20 分	10%

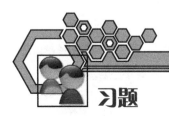
习题

一、填空题

1. 表格的标签是_____，单元格的标签是_____。

2. 表格的宽度可以用百分比和_____两种单位来设置。

3. 用来输入密码的表单域是_____。

4. 单对象的名称由_____属性设定；提交方法由_____属性指定；若要提交大数据量的数据，则应采用_____方法；表单提交后的数据处理程序由_____属性指定。

5. 表单实际上包含两个重要组成部分：一是描述表单信息的_____，二是用于处理表单数据的服务器端_____。

6. 利用<table></table>标记符的_____属性可以控制表格边框的显示样式；利用<table></table>标记符的_____属性可以控制表格分隔线的显示样式。

二、选择题

1. 关于表格的描述正确的一项是（　　）。

    A. 在单元格内不能继续插入整个表格

    B. 可以同时选定不相邻的单元格

    C. 粘贴表格时，不粘贴表格的内容

    D. 在网页中，水平方向可以并排多个独立的表格

2. 如果一个表格包括有 1 行 4 列，表格的总宽度为"699"，间距为"5"，填充为"0"，边框为"3"，每列的宽度相同，那么应将单元格定制为多少像素宽。（　　）

    A. 126　　　　　B. 136　　　　　C. 147　　　　　D. 167

3. 下列哪一项是在新窗口中打开网页文档。（　　）

    A. _self　　　　　B. _blank　　　　　C. _top　　　　　D. _parent

4. 要使表格的边框不显示，应设置 border 的值是（　　）。

    A. 1　　　　　B. 0　　　　　C. 2　　　　　D. 3

三、网页布局

1. 请布局如图 4-109 所示页面。

2. 动手制作如图 4-110 所示界面。

图 4-109 题 1 图

图 4-110 题 2 图

第5章

教育网站添加网页特效

本章主要内容是学习一下 CSS 样式的设计，掌握 CSS 样式的使用，利用 DIV+CSS 进行网页布局，并将相应的 CSS 样式用在韩创教育咨询网站设计上，同时完成该网站的动态效果。

5.1 任务一 CSS 样式设计

5.1.1 任务描述

本次任务主要完成韩创教育咨询网站的 CSS 样式设计。在进行该网站 CSS 样式设计之前，通过了解 CSS 样式表的用途，掌握创建和应用 CSS 样式表的方法及常用的 CSS 样式表的引用方式等相关知识，最后将 CSS 样式设计综合知识应用到韩创教育咨询网站上，完成该网站的 CSS 样式设计。

5.1.2 相关知识

CSS 就是 Cascading Style Sheets，中文翻译为"层叠样式表"，简称样式表，它是一种制作网页的新技术。CSS 用于控制网页样式并允许将样式信息与网页内容分离的一种标记性语言。通过 CSS 样式文件可以对布局、字体、颜色、背景和其他文图效果实现更加精确的控制。在对网页样式进行修改时，只需要通过修改样式文件就可以改变网页的外观和格式。

在很多工具软件中集合了 CSS 样式的使用，Dreamweaver 就是其中之一。Dreamweaver 是现如今最好的网站编辑工具之一，而 Dreamweaver 高级版本中增加的对 CSS 的支持，使用户更容易使用 CSS，用它来制作网页的 CSS 样式表会更简单、更方便。利用 Dreamweaver 在页面中加入 CSS，使用户不用死记硬背标记代码，也不用去看很厚的 CSS 手册，就可以轻松自如地在网页中运用 CSS。CSS 能给网页设计带来风格多变、千姿百态的效果，使页面载入更快，并降低网站的流量费用，这一点也使得 CSS 样式表在网站开发中得以大量应用。下面我们从认识 CCS 开始学习。

1. 初识 CSS

CSS 是一种用来表现 HTML 或 XML 等文件式样的计算机语言。CSS 目前应用最流行的版本为 CSS2.0，它是能够真正做到网页表现与内容分离的一种样式设计语言。相对于传统 HTML 的表现而言，CSS 能够对网页中的对象的位置排版进行像素级的精确控制，支持几乎所有的字体字号样式，拥有对网页对象盒模型的能力，并能够进行初步交互设计，是目前基于文本展示的最优秀的表现设计语言。

网页设计最初是用 HTML 标记来定义页面文档及格式的，如标题<h1>、段落<p>、表格<table>、链接<a>等，但这些标记不能满足更多的文档样式需求，为了解决这个问题，在 1997 年 W3C（The World Wide Web Consortium）颁布 HTML4 标准的同时也公布了有关样式表的第一个标准 CSS1，自 CSS1 的版本之后，又在 1998 年 5 月发布了 CSS2 版本，样式表得到了更多充实。W3C 把 DHTML（Dynamic HTML）分为 3 个部分来实现：脚本语言（包括 JavaScript、VBScript 等）、支持动态效果的浏览器（包括 Internet Explorer、Netscape Navigator 等）和 CSS 样式表。

CSS 样式表的优点表现在内容和结构的分离；网页体积更小，下载更快；更兼容浏览器；界面友好；CSS 样式表可以制作出体积更小、下载更快的网页。

在没有样式表时，如果想更新整个站点中所有主体文本的字体，编程人员必须一页一页地修改每张网页。即便站点用数据库提供服务，仍然需要更新所有的模板，而且更新每一模板中每一个实例的内容。样式表的主旨就是将格式和结构分离。利用样式表，可以将站点上所有的网页都指向单一的一个 CSS 文件，当修改 CSS 文件中某一行之后，整个站点都会随之发生变动。不像其他的网络技术，样式表的代码有很好的兼容性，也就是说，在用户丢失了某个插件时不会发生中断，或者使用老版本的浏览器时代码不会出现杂乱无章的情况。只要浏览器是可以识别串接样式表的就可以应用它。

利用 CSS 样式表可以使内容和结构分离。这种语言定义了网页的结构和个要素的功能，而让浏览器自己决定应该让各要素以何种模样显示。所以当 Netscape 推出新的可以控制网页外观的 HTML 标签时，网页设计者无不欢呼雀跃。样式表通过将定义结构的部分和定义格式的部分分离，使我们能够对页面的布局施加更多的控制。

CSS 样式表的唯一不足之处是不能够被各种浏览器完全兼容。CSS 需要 IE4（Internet Explorer 4.0）和 NC4（Netscape 4.0）以上的浏览器支持，有些效果需要更高版本的浏览器支持。

2. CSS 常用属性简介

在 CSS 样式中有很多属性，将这些属性按照需要合理地组合在一起形成样式表，样式表只是简单的文本，就像 HTML 那样。它不需要图像，不需要执行程序，不需要插件，不需要流式。它就像 HTML 指令那样快。有了 CSS 之后，以前必须求助于 GIF 的事情，现在通过 CSS 就可以实现。另外，使用串接样式表可以减少表格标签及其他加大 HTML 体积的代码，减少图像用量从而减少文件尺寸，可以更快更容易地维护及更新大量的网页。为了能够让学习者更好地了解 CSS 中的属性，本部分内容对常用属性进行介绍，大家还可以配合相应的学习手册来补充和完善。

（1）字体（Font）属性。

● 格式

属性:参数列表

参数可以选择一个或多个。

● 说明

字体（Font）属性是对所要编辑内容设置字体的类型、大小、字体粗细、颜色、行高等属性进行设置。

● 字体属性简表（见表 5-1）

表 5-1　　　　　　　　　　　　　　　字体（Font）属性简表

序号	属性名（Properties）	简介（Description）
1	Font	复合属性。设置或检索对象中的文本特性。
2	font-family	设置或检索用于对象中文本的字体名称序列。默认值为 "Time New Roman"，对于如何使用用户端系统可能没有的字体
3	font-size	设置或检索对象中的字体尺寸
4	font-size-adjust	设置或检索用于对象中文本的字体名称序列是否强制使用同一尺寸
5	font-stretch	设置或检索用于对象中文本的文字是否横向地拉伸变形。改变相对于浏览器显示的字体的正常宽度
6	font-style	设置或检索对象中的字体样式。对于此属性的默认值来说，IE 提供了预定义样式。但是用户可以在浏览器菜单的 Internet 选项中更改它
7	font-weight	设置或检索对象中的文本字体的粗细。作用由用户端系统安装的字体的特定字体变量映射决定。系统选择最近的匹配。也就是说，用户可能看不到不同值之间的差异。
8	font-variant	设置或检索对象中的文本是否为小型的大写字母
9	color	检索或设置对象的文本颜色
10	text-decoration	检索或设置对象中的文本的装饰
11	text-underline-position	设置或检索 text-decoration 属性定义的下画线的位置
12	text-shadow	设置或检索对象中文本的文字是否有阴影及模糊效果。可以设定多组效果，方式是用逗号隔开
13	text-transform	检索或设置对象中的文本的大小写
14	line-height	检索或设置对象的行高。即字体最底端与字体内部顶端之间的距离。行高是字体下延与字体内部高度的顶端之间的距离。为负值的行高可用来实现阴影效果
15	letter-spacing	检索或设置对象中的文字之间的间隔。该属性将指定的间隔添加到每个文字之后，但最后一个字将被排除在外
16	word-spacing	检索或设置对象中的单词之间插入的空隔。对于 IE4+而言仅在 MAC 平台上可用。对于其他系统平台的支持由 IE6 开始

● 字符（Font）属性示例

在 CSS 中，设置文字的字体要通过 Font 属性进行设置，现在通过示例程序代码对字体大小、粗细、颜色等进行演示说明。代码如下所示，实例源文件位于本书素材文件中的"第 5 章源码\5-1.html"。

```
<p><span style="font-family:'微软雅黑'; color:#003399; font-size:24px; font-weight:600;">
学习 css 其实不难</span></p>
```

```
    <p><span style="font-family:'微软雅黑';color:#CC0000;font-size:30px;font-weight:600;
font:italic;">学习 css 其实不难</span></p>
    <p><span style="font-family:'微软雅黑';color:#00FF00;font-size:36px;font-weight:400;
text-decoration:underline;">学习 css 其实不难</span></p>
```

上述代码示例效果如图 5-1 所示。

通过相应属性的设置达到一定的特殊效果：

使用 font-family 属性设置字体；

使用 color 属性设置字体颜色；

使用 font-size 属性设置字体大小；

使用 font-weight 属性设置字体粗细；

使用 font:italic 属性设置字体倾斜；

使用 text-decoration 属性设置字体下画线。

学习css其实不难

学习css其实不难

<u>学习css其实不难</u>

图 5-1　字体属性效果

（2）文本（Text）属性。

● 格式

属性:参数列表

参数可以选择一个或多个。

● 说明

可以设置对象中文本的缩进、对齐方式、文本的流动方向以及对象内文本溢出后自动添加省略号等属性。

● 文本属性简表（见表 5-2）

表 5-2　　　　　　　　　　　　　　　文本（Text）属性简表

序号	属性名（Properties）	简介（Description）
1	text-indent	检索或设置对象中的文本的缩进
2	text-overflow	设置或检索是否使用一个省略标记（...）标示对象内文本的溢出
3	vertical-align	设置或检索对象内容的垂直对齐方式
4	text-align	设置或检索对象中文本的对齐方式
5	layout-flow	设置或检索对象内文本的流动和方向
6	writing-mode	设置或检索对象的内容块固有的书写方向
7	direction	用于设置文本流的方向
8	unicode-bidi	用于同一个页面里存在从不同方向读进的文本显示。与 direction 属性一起使用
9	word-break	设置或检索对象内文本的字内换行行为。尤其在出现多种语言时
10	line-break	设置或检索用于日文文本的换行规则
11	white-space	设置或检索对象内空格的处理方式
12	word-wrap	设置或检索当当前行超过指定容器的边界时是否断开转行
13	text-autospace	设置或检索对象文本的自动空格和紧缩空格宽度调整的方式
14	text-kashida-space	设置或检索如何拉伸字符来调节文本行排列
15	text-justify	设置或检索对象内文本的对齐方式
16	ruby-align	设置或检索通过 rt 对象指定的注释文本或发音指南（参考 ruby 对象）的对齐位置

续表

序号	属性名（Properties）	简介（Description）
17	ruby-position	设置或检索通过 rt 对象指定的注释文本或发音指南（参考 ruby 对象）的位置
18	ruby-overhang	设置或检索通过 rt 对象指定的注释文本或发音指南（参考 ruby 对象）的位置
19	ime-mode	设置或检索是否允许用户激活输入中文、韩文、日文等的输入法（IME）状态
20	layout-grid	复合属性。设置或检索复合文档中指定文本字符版式的网格特性
21	layout-grid-char	设置或检索应用于对象文本的字符网格值
22	layout-grid-char-spacing	设置或检索字符间隔
23	layout-grid-line	设置或检索应用于对象文本的行网格值
24	layout-grid-mode	设置或检索文本网格版式是否使用二维
25	layout-grid-type	设置或检索应用于对象文本的网格类型

- 文本部分属性示例

在 CSS 中，设置文本的显示效果要通过 Text 属性进行，现在通过示例程序代码对对象中文本的缩进、对齐方式等进行演示说明。代码如下所示，实例源文件位于本书素材文件中的"第 5 章源码\5-2.html"。

```
<p style="border:1px #000 solid; width:350px;"><br/>
  <span style=" text-align:center; text-indent:2em;">此处文本居中</span>  <br/>
  <span style=" text-align:left; text-indent:2em;">此处文本居左</span> <br />
  <span style=" text-align:right; text-indent:2em;">此处文本居右</span></p>
```

上述代码示例效果如图 5-2 所示。

图 5-2　文本属性效果

通过相应属性的设置达到一定的特殊效果：

使用 text-align 属性设置文本所在位置居左、居中、居右（left、center、right）；

使用 text-indent 属性设置对象中的文本的缩进。

（3）背景（Background）属性。

- 格式

属性:参数列表

参数可以选择一个或多个。

- 说明

主要是设置对象的背景颜色，也可以用图片当作背景，我们可以根据需要设置背景的位置，以及是否平铺、如何平铺。

- 背景属性简表（见表 5-3）

表 5-3 背景（Background）属性简表

序号	属性名（Properties）	简介（Description）
1	Background	复合属性。设置或检索对象的背景特性
2	background-color	设置或检索对象的背景颜色
3	background-image	设置或检索对象的背景图像
4	background-repeat	设置或检索对象的背景图像如何铺排填充
5	background-attachment	设置或检索对象的背景图像是随对象内容滚动还是固定的
6	background-position	设置或检索对象的背景图像位置
7	background-origin	设置或检索对象的背景图像显示的原点
8	background-clip	检索或设置对象的背景向外裁剪的区域
9	background-size	检索或设置对象的背景图像的尺寸大小
10	Multiple background	检索或设置对象的多重背景图像

● 背景部分属性示例

在 CSS 中，设置背景的显示效果要通过 Background 属性进行设置，现在通过示例程序代码对背景属性的应用进行演示说明。代码如下所示，实例源文件位于本书素材文件中的"第 5 章源码\5-3.html"。

```
<p style="background-color:#CC0000;font-size:24px; width:240px; line-height:40px;">
这里添加的是背景颜色</p>
<p style="background-image:url(0.PNG);font-size:24px; line-height:70px; font-weight:600;
width:250px;">这里添加的是背景图片</p>
```

上述代码示例效果如图 5-3 所示。

图 5-3 背景属性效果

通过相应属性的设置达到一定的特殊效果：

使用 background-color 属性设置背景的颜色；

使用 background-image 属性设置背景的图片。

现在通过示例程序代码对背景（Background）属性中的部分属性进行演示说明。

（4）定位（Positioning）属性。

● 格式

属性:参数列表

参数可以选择一个或多个。

● 说明

定位可以将布局的一部分与另一部分重叠，允许用户定义的元素框相对于其正常位置应该出现的位置，或者相对于父元素、另一个元素甚至浏览器窗口本身的位置，完成很多较难的布局。

● 定位属性简表（见表 5-4）

表 5-4　　　　　　　　　　　　定位（Positioning）属性简表

序号	属性名（Properties）	简介（Description）
1	position	检索对象的定位方式
2	z-index	检索或设置对象的层叠顺序
3	top	检索或设置对象与其最近一个定位的父对象顶部相关的位置
4	right	检索或设置对象与其最近一个定位的父对象右边相关的位置
5	bottom	检索或设置对象与其最近一个定位的父对象底边相关的位置
6	left	检索或设置对象与其最近一个定位的父对象左边相关的位置

- 定位部分属性示例

现在通过示例程序代码对定位（Positioning）属性中的部分属性进行演示说明。代码如下所示，实例源文件位于本书素材文件中的“第 5 章源码\5-4.html”。

```html
<html>
<head>
<title>定位示例</title>
<style type="text/css">
/*以下为相对定位样式*/
.pos_left
{
position:relative;
left:-20px
}
.pos_right
{
position:relative;
left:20px
}
/*以下为绝对定位样式*/
.pos_abs
{
position:absolute;
left:100px;
top:280px;
}
.fixed1
{
position:fixed;
left:20px;
top:400px;
}
</style>
</head>
<body>
<h2>这是位于正常位置的标题</h2>
<h2 class="pos_left">这个标题相对于其正常位置向左移动 20</h2>
<h2 class="pos_right">这个标题相对于其正常位置向右移动 20</h2>
<p>相对定位会按照元素的原始位置对该元素进行移动。</p>
<p class="fixed1">这是固定定位的标题。</p>
<h2 class="pos_abs">这是带有绝对定位的标题</h2>
```

```
<p>通过绝对定位，元素可以放置到页面上的任何位置。下面的标题距离页面左侧 100px，距离页面顶部 280px。</p>
</body>
</html>
```

上述代码示例效果如图 5-4 所示。

图 5-4　定位属性效果

通过相应属性的设置达到一定的特殊效果：

使用 position:relative 设置相对定位；

使用 position:absolute 设置绝对定位；

使用 position:fixed 设置固定定位。

（5）尺寸（Dimensions）属性。

● 格式

属性:参数列表

参数可以选择一个或多个。

● 说明

可设置对象的高度、宽度、最大高度、最小高度、最大宽度、最小宽度等属性，可以用长度值或百分数进行设置，但不可为负数。

● 尺寸属性简表

表 5-5　　　　　　　　　　　　尺寸（Dimensions）属性简表

序号	属性名（Properties）	简介（Description）
1	height	检索或设置对象的高度
2	max-height	设置或检索对象的最大高度
3	min-height	设置或检索对象的最小高度
4	width	检索或设置对象的宽度
5	max-width	设置或检索对象的最大宽度
6	min-width	设置或检索对象的最小宽度

● 尺寸部分属性示例

在 CSS 中，设置尺寸的显示效果要通过 Dimensions 属性进行设置，现在通过示例程序代码对尺寸属性的应用进行演示说明。代码如下所示，实例源文件位于本书素材文件中的"第 5 章源码\5-5.html"。

```
<p style=" height:30px; width:200px; border:#FF0000 solid 2px; font-size:20px;">我的尺寸比较小</p>
<p style=" height:60px; width:250px; border:#FF0000 solid 2px; font-size:20px;">我的尺寸比较大</p>
```

上述代码示例效果如图 5-5 所示。

我的尺寸比较小　　　　　我的尺寸比较大

图 5-5　尺寸属性效果

通过相应属性的设置达到一定的特殊效果：

使用 height 属性设置对象的高度。

使用 width 属性设置对象的宽度。

（6）边框（Border）属性。

● 格式

属性:参数列表

参数可以选择一个或多个。

● 说明

设置对象边框的颜色、宽度、样式等特性，可以使用复合属性，也可以对每一侧的边框进行单独设置。

● 边框属性简表（见表 5-6）

表 5-6　　　　　　　　　　　　边框（Border）属性简表

序号	属性名（Properties）	简介（Description）
1	border	复合属性。设置对象边框的特性
2	border-color	设置或检索对象边框颜色
3	border-style	设置或检索对象边框样式
4	border-width	设置或检索对象边框宽度
5	border-top	复合属性。设置对象顶边的特性
6	border-top-color	设置或检索对象顶边颜色
7	border-top-style	设置或检索对象顶边样式
8	border-top-width	设置或检索对象顶边宽度
9	border-right	复合属性。设置对象右边的特性
10	border-right-color	设置或检索对象右边颜色
11	border-right-style	设置或检索对象右边样式
12	border-right-width	设置或检索对象右边宽度

序号	属性名（Properties）	简介（Description）
13	border-bottom	复合属性。设置对象底边的特性
14	border-bottom-color	设置或检索对象底边颜色
15	border-bottom-style	设置或检索对象底边样式
16	border-bottom-width	设置或检索对象底边宽度
17	border-left	复合属性。设置对象左边的特性
18	border-left-color	设置或检索对象左边颜色
19	border-left-style	设置或检索对象左边样式
20	border-left-width	设置或检索对象左边宽度

● 边框部分属性示例

在 CSS 中，设置边框的显示效果要通过 Border 属性进行，现在通过示例程序代码对边框属性的应用进行演示说明。代码如下所示，实例源文件位于本书素材文件中的"第 5 章源码\5-6.html"。

```
<p style="width:250px; height:50px; border-size:3px; font-size:20px; border-right-color:
#0000FF;border-left-color:#CC0000;border-top-color:#FF9900; border-left:solid; border-
right:double; border-top:dashed; border-bottom:none;">这里可对边框进行单独设置</p>
```

上述代码示例效果如图 5-6 所示。

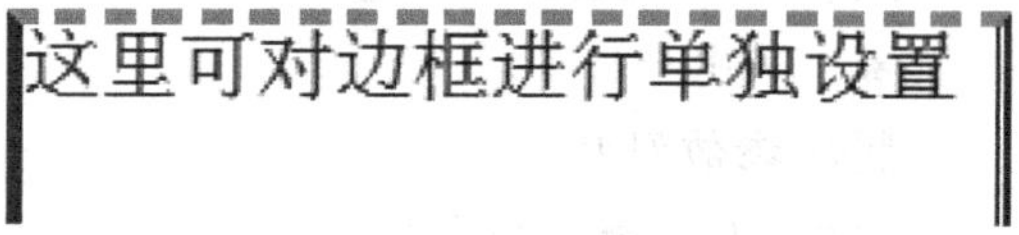

通过相应属性的设置达到一定的特殊效果：

使用 border-size 属性设置边框的宽度；

使用 border-right-color 属性独立设置边框右边的颜色；

这里可对边框进行单独设置

图 5-6　边框属性效果

使用 border-left-color 属性独立设置边框左边的颜色；

使用 border-top-color 属性独立设置边框上边的颜色；

使用 border-left:solid 属性独立设置边框左边为实线；

使用 border-right:double 属性独立设置边框右边为双实线。

（7）布局（Layout）属性。

● 格式

属性:参数列表

参数可以选择一个或多个。

● 说明

可以对对象进行浮动设置、清除浮动设置，设置可视区域，区域外的部分是透明的，也可设置当对象的内容超过其指定的宽度和高度时如何管理内容。

● 布局属性简表（见表 5-7）

表 5-7　　　　　　　　　　　　　布局（Layout）属性简表

序号	属性名（Properties）	简介（Description）
1	Clear	该属性的值指出了不允许有浮动对象的边
2	float	该属性的值指出了对象是否及如何浮动
3	clip	检索或设置对象的可视区域。区域外的部分是透明的

续表

序号	属性名（Properties）	简介（Description）
4	Overflow	检索或设置当对象的内容超过其指定高度及宽度时如何管理内容
5	overflow-x	检索或设置当对象的内容超过其指定宽度时如何管理内容
6	overflow-y	检索或设置当对象的内容超过其指定高度时如何管理内容
7	display	设置或检索对象是否及如何显示
8	visibility	设置或检索是否显示对象。与 display 属性不同，此属性为隐藏的对象保留其占据的物理空间

- 布局部分属性示例

在 CSS 中，设置布局的显示效果要通过 float 等属性进行设置，现在通过示例程序代码对布局属性的应用进行演示说明。代码如下所示，实例源文件位于本书素材文件中的"第 5 章源码\5-7.html"。

```
<p style=" clear : left; width:140px; height:350px; "><img src="cb.PNG" width="80"
height="80" style="float:left" />这里对图片是进行了左浮动，文字块自动排在图片的右侧，内容多的话，
会自动排在图片下面。</p>
    <p style=" clear : left; width:140px; height:350px; "><img src="cb.PNG" width="80"
height="80" style="float:right;" />这里对图片是进行了右浮动，文字块自动排在图片的左侧，内容多的话，
会自动排在图片下面。</p>
```

上述代码示例效果如图 5-7 所示。

图 5-7　布局属性效果

通过相应属性的设置达到一定的特殊效果：

使用 float:left 属性设置图片的左浮动。

使用 float:right 属性设置图片的右浮动。

（8）内外补丁（Padding/Margin）属性。

- 格式

属性:参数列表

参数可以选择一个或多个。

- 说明

内补丁可设置对象 4 边的补丁边距，外补丁可设置对象的外延边距，如果提供全部 4 个参数值，将按上—右—下—左的顺序作用于 4 边，可以用长度值，也可用百分数进行设置，百分数是相对于父对象的宽高度，如图 5-8 所示。

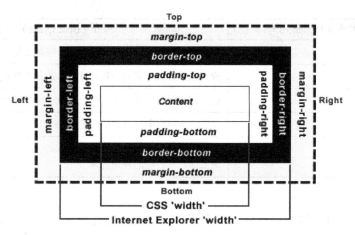

图 5-8　内外补丁示意图

● 内外补丁属性简表（见表 5-8）

表 5-8　　　　　　　　　　　内外补丁（Padding/Margin）属性简表

序号	属性名（Properties）	简介（Description）
1	Padding	检索或设置对象四边的补丁边距
2	padding-top	检索或设置对象顶边的补丁边距
3	padding-right	检索或设置对象右边的补丁边距
4	padding-bottom	检索或设置对象底边的补丁边距
5	padding-left	检索或设置对象左边的补丁边距
6	Margin	检索或设置对象四边的外延边距
7	margin-top	检索或设置对象顶边的外延边距
8	margin-right	检索或设置对象右边的外延边距
9	margin-bottom	检索或设置对象底边的外延边距
10	margin-left	检索或设置对象左边的外延边距

● 补丁属性示例

在 CSS 中，设置补丁的显示效果要通过 margin、padding 等属性进行，现在通过示例程序代码对补丁属性的应用进行演示说明。代码如下所示，实例源文件位于本书素材文件中的"第 5 章源码\5-8.html"。

```
/内补丁程序代码/
<p style=" padding-top: 35px; padding-left:40px; font-size:20px; border:#FF0000 solid
2px; width:230px;">我距顶部 35px，距左 40px
</p>
/外补丁程序代码/
<p style="width:200px; height:100px;border:#FF0000 solid 2px;">
<span style=" width:200px; font-size:20px;">我在上面</span>
<span style=" width:200px; margin-top:40px; font-size:20px; float:left">我距上面 40px</span>
</p>
```

上述代码示例效果如图 5-9 所示。

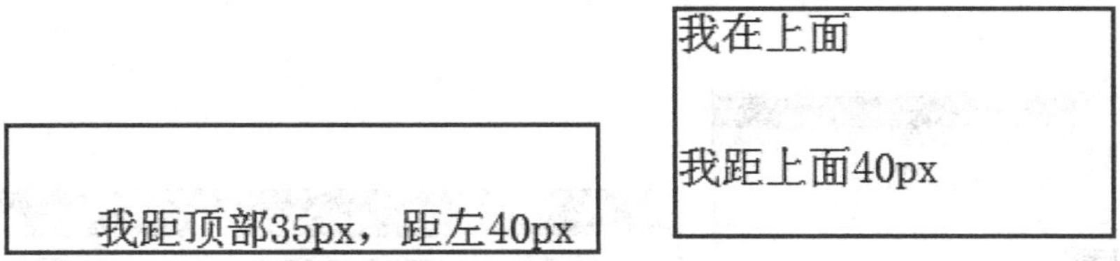

我在上面

我距上面40px

我距顶部35px，距左40px

图 5-9　补丁属性效果

通过相应属性的设置达到一定的特殊效果：

使用 padding-top 属性设置对象顶边的补丁边距；

使用 padding-left 属性设置对象左边的补丁边距；

使用 margin-top 属性设置对象顶边的外延边距。

3. CSS 样式面板的使用

现在使用的网页制作工具 Dreamweaver 高版本中把所有与 CSS 设计相关的功能全部集中到 CSS 样式面板。Dreamweaver 将众多 CSS 面板集中到一个位置，这样 CSS 面板就变成了一个更富有可用性的控制面板，使用 CSS 面板可以快速确认样式、编辑样式、查看应用页面元素的样式（就像查看段落、图像和连接一样）。这样方便了设计师的操作与管理，极大地完善了对 CSS 样式的设计能力。

（1）打开 CSS 样式面板。

Dreamweaver 运行之后，单击"文件"→"新建"→"常规"→"基本页"→"CSS"→"创建"，此时会进入 CSS 设计页面，在工作区可以手工输入 CSS 样式代码，也可以使用"CSS 样式"面板可以查看、创建、编辑和删除 CSS 样式，还可以将外部样式表附加到文档。

工作区如图 5-10 所示。在工作区内可以输入 CSS 样式代码。

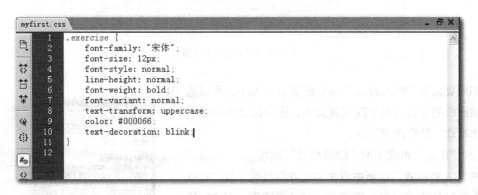

图 5-10　工作区图

还可以通过点击"窗口"菜单进入 CSS 样式面板，选择"CSS 样式"命令，即可打开"CSS 样式"面板。

在图 5-11（a）中 CSS 样式面板的右下角点击"新建 CSS 样式规则"后，将弹出图 5-11（b）的新建 CSS 规则图，通过选择"选择器类型"、输入"名称"及其他选项后进行 CSS 样式设计。展开的 CSS 面板如图 5-11 所示。

当输入名称之后，会弹出一个"CSS 规则定义"窗口，如图 5-12 所示，按照规则上的"分类"

及"类型"进行相应的设置及操作。操作完毕之后单击"确定"按钮。

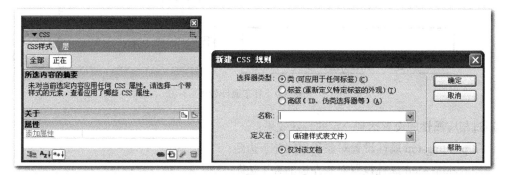

（a）CSS 样式面板　　　　　　　（b）新建 CSS 规则图

图 5-11　CSS 面板

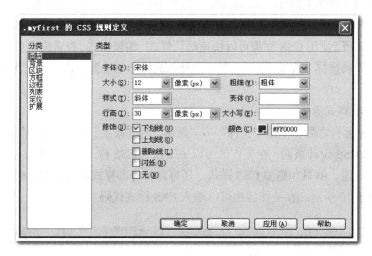

图 5-12　CSS 规则定义窗口

如果要调整"CSS 样式"面板的宽窄与大小，可以通过拖动面板的 4 边或角来改变其大小，还可以点击面板上的窗体拖动，让它改变位置。

（2）"正在"模式下的"CSS 样式"面板。

在"CSS 样式"面板中点击"正在"按钮，使"CSS 样式"面板处于"正在"模式下，在此模式下，"CSS 样式"面板将显示 3 个窗格面板。图 5-13 所示为"正在模式下的 CSS 面板"。

① "所选内容的摘要"窗格。

"所选内容的摘要"窗格显示当前正在编辑的文档中所选 HTML 元素的 CSS 属性的摘要以及它们的值。该摘要显示直接应用于所选 HTML 元素的所有规则的属性。并且只显示已设置的属性。

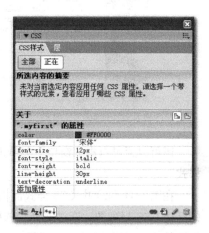

图 5-13　"正在"模式下的 CSS 面板

例如，下面创建两个样式：

```
p{ /* 标签样式: p规则 */
  font-family:"宋体";
  font-size:12px;
  line-height:30px;
}
.p1{ /* 类样式: .p1规则 */
  font-size:24px;
  font-family:"微软雅黑";
  }
  分别应用于下面的<p>元素中：
  <p>段落-</p>
  <p class="p1">段落二</p>
```

当我们将光标移动到"<p>段落一</p>"上面时，会在"所选内容的摘要"窗格中看到 p 规则的所有属性出现在窗格中，如图 5-14 所示，显示 p 规则样式。

当我们将光标移动到"<p class="p1">段落二</p>"上面时，会在"所选内容的摘要"窗格中看到.p1 规则的所有属性出现在窗格中。

.p1 规则的属性首先继承了 p 规则的全部，再用自身的相同属性替换了 p 规则中已经存在的属性，然后加上 p 规则中没有的属性，共同组合成了"所选内容的摘要"窗格中的属性列表。提示：在"所选内容的摘要"窗格中如果双击某一个属性，则会打开"CSS 规则定义"对话框，可以修改该属性。

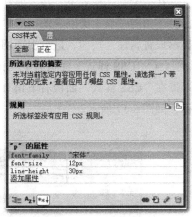

图 5-14　显示 p 规则样式

②　"规则"窗格。

"规则"窗格显示在"所选内容的摘要"窗格中选择的 CSS 属性所在规则的规则名称，以及包含该规则的文件的名称。如在"所选内容的摘要"窗格选择了"font-family 属性"，在"规则"窗格中显示了此属性是在".p1"规则中定义，如果有引用的时候会显示引用文件。此处没有被引用，所以显示"没有应用 CSS 规则"。

在"规则"窗格中，点击右上角的"显示所选属性的相关信息"按钮，可以查看所选属性的相关信息。

点击"显示所选标签的规则层叠"按钮，可以查看规则的层次结构，直接应用规则的标签显示在右列。

③　"属性"窗格。

在"所选内容的摘要"窗格中选择某个属性时，这个属性所在的规则中的所有属性都会出现在"属性"窗格中。如果在"规则"窗格的"显示所选标签的规则层叠"视图中选择了某一个规则，这个规则的所有属性也会出现在"属性"窗格中。

在"属性"窗格中点击任意一个属性的属性值，都可以快速修改该属性。在"属性"窗格中也可以点击左下角的"显示类别视图"、"显示列表视图"或"只显示设置属性"按钮，进行视图切换。

（3）"全部"模式下的"CSS 样式"面板。

在"CSS 样式"面板中单击"全部"按钮，使"CSS 样式"面板处于"全部"模式下，在

145

此模式下，"CSS 样式"面板只显示两个窗格面板。如图 5-15 所示，显示了"全部"模式下的"CSS 样式"面板。

"所有规则"窗格显示当前文档中定义的 CSS 规则以及附加到当前文档的样式表中定义的所有 CSS 规则的列表。使用"属性"窗格可以编辑"所有规则"窗格中选择的任一规则的所有 CSS 属性。

当在"所有规则"窗格中选择一个 CSS 规则时，在"属性"窗格中会显示该规则中定义的所有属性，此时可以快速修改该规则的属性，不管它是嵌入当前文档中还是链接到附加的样式表中，同样都可以修改。

在"全部"模式下，在"属性"窗格中同样可以点击左下角的"显示类别视图"、"显示列表视图"或"只显示设置属性"按钮，进行视图切换，如图 5-16 所示。

图 5-15 "全部"模式下的"CSS 样式"面板

（4）"CSS 样式"面板右下角按钮。

在"CSS 样式"面板右下角有 4 个按钮，当鼠标停留每一个按钮上面时，会显示该按钮的名称，如图 5-17 所示。

图 5-16 显示类别/列表/设置属性图

图 5-17 CSS 样式面板右下角操作功能图

从左到右依次是

● "附加样式表"按钮：打开"链接外部样式表"对话框，选择要链接到或导入当前文档中的外部样式表。

● "新建 CSS 规则"按钮：打开"新建 CSS 规则"对话框，在其中选择要创建的样式类型。

● "编辑样式"按钮：打开"CSS 规则定义"对话框，在其中编辑当前文档或外部样式表中的样式。

● "删除 CSS 属性"按钮：当在"属性"窗格中选择一个已经设置属性值的属性时，单击此按钮，可以删除这个属性。

4．常用的 CSS 选择器的使用

选择器（Seletor）是 CSS 中很重要的概念，所有 HTML 中的标记样式都是通过不同的 CSS

选择器进行控制的。用户只需要通过选择器对不同的 HTML 标签进行选择，并赋予各种样式声明，即可实现各种效果。

在 CSS 中，有几种不同类型的选择器，本部分只介绍几种常用的选择器。选择器可以单独使用，还可以"组合"使用。

常用的选择器有标记选择器、类别选择器和 ID 选择器 3 种。

（1）标记选择器。

一个 HTML 页面由很多不同的标记组成，而 CSS 标记选择器就是用来声明哪些标记采用哪种 CSS 样式的。因此，每一种 HTML 标记的名称都可以作为相应的标记选择器的名称。例如，p 选择器，就是用于声明页面中所有<p>标记的样式风格的。同样，可以通过 h1 选择器来声明页面中所有的<h1>标记的 CSS 风格。

● 标记选择器的格式如下：

```
标记选择器｛
    属性名 1：属性值 1；
    属性名 2：属性值 2；
    ……
    属性名 N：属性值 N；
｝
```

在标记选择器中可以有 1 个或 N 个属性。

● 标记选择器示例

在 HTML 页面中，通过标记选择器引用了相对应的 CSS 样式对所有的对象进行控制。现在通过示例程序代码对标记选择器的应用进行演示说明。代码如下所示，实例源文件位于本书素材文件中的"第 5 章源码\5-18.html"。

```
<html>
<head>
<title>标记选择器的使用</title>
<style>
    b{
        color:#ff00ff;
        font-size:16px;
    }
    h1{
        color:green;
        font-size:20px;
    }
    h2{
        color:red;
        font-size:18px;
    }
    h3{
        color:#000000;
        font-size:20px;
    }
    p{
        color:#00ff00;
```

```
            font-size:30px;
        }
</style>
</head>
<body>
<b>这是标记选择器的效果</b></br>
<p>这也是标记选择器的效果</p>
<h1>标记选择器的效果</h1>
<h2>标记选择器的效果</h2>
<h3>标记选择器的效果</h3>
</body>
</html>
```

上述代码示例效果如图 5-18 所示。

通过标记选择器达到的效果：

在本示例中使用了标记选择器对不同的内容进行控制。这段 CSS 代码声明了 HTML 页面中的<b>、<p>、<h1>、<h2>、<h3>标记，文字的颜色都不同，字体大小都有各自的规定。每一个 CSS 选择器都包含选择器本身、属性和值，其中属性和值可以设置多个，从而实现对内容进行控制。

（2）类别选择器。

标记选择器一旦声明，那么页面中所有的相应标记都会产生变化。在上个示例中，当声明了<h2>标记为红色时，页面中所有的<h2>标记都将显示为红色。如果希望其中的某一个<h2>标记不是红色，而是其他

图 5-18　标记选择器应用效果

颜色，这时仅依靠标记选择器是不够的，还需要引入类别（Class）选择器。

类别（Class）选择器的名称可以由用户自定义，属性和值跟其他选择器一样，也必须符合 CSS 规范。类别选择器是以"."为开始标识的。

● 类选择器的格式如下：

```
.类选择器{
    属性名 1: 属性值 1;
    属性名 2: 属性值 2;
        ……
    属性名 N: 属性值 N;
}
```

特别提醒，类选择器中可以有 1 个或 N 个属性。

● 类选择器示例

在 HTML 页面中，当同类标签很多但又需要不同的表现效果时，这个时候使用标记选择器引用 CSS 样式表已经不能满足工作需要，为了解决这种需要，就要引入类别选择器来对对象的效果进行控制。现在通过示例程序代码对类别选择器的应用进行演示说明。代码如下所示，实例源文件位于本书素材文件中的"第 5 章源码\5-19.html"。

```
<html>
<head>
<title>class 选择器</title>
<style  type="text/css">
.red{                        /*类选择器是以 "." 开始的*/
    color:red;               /*红色*/
    font-size:30px;          /*文字大小*/
}
.green{                      /*类选择器是以 "." 开始的*/
    color:green;             /*绿色*/
    font-size:50px;          /*文字大小*/
}
</style>
</head>
<body>
    <p class="red">class 选择器 1</p>
    <p class="green">class 选择器 2</p>
    <h3 class="green">h3 同样适用</h3>
</body>
</html>
```

上述代码示例效果如图 5-19 所示。

通过类别选择器达到的效果：

在<style>中声明了两个类别选择器分别是.red 类别选择器和.green 类别选择器。这两种选择器可以对同一类型的标签<p>进行控制，但是表现的效果却是不同的。相同类型的选择器也可以被不同类型的标签<p>、<h3>引用，表现的效果是相同的，在本例中表现为同是绿色，大小也是相同的。

（3）ID 选择器。

ID 选择器只能在 HTML 页面中使用一次，其针对性更强。在 HTML 的标记中只需要利用 id 属性，就可以直接调用 CSS 中的 ID 选择器。ID 选择器是以 "#" 为开始标识的。

图 5-19　类别选择器应用效果

● ID 选择器的格式如下：

```
#ID 选择器{
    属性名 1: 属性值 1;
    属性名 2: 属性值 2;
    ......
    属性名 N: 属性值 N;
}
```

特别提醒，ID 选择器中可以有 1 个或 N 个属性。

● ID 选择器示例

ID 选择器和类别选择器很相似。在 HTML 页面中，当同类标签很多但又需要不同的表现效果时，这个时候还可以使用 ID 选择器引用 CSS 样式表来满足工作需要。现在通过示例程序代码对类别选择器的应用进行演示说明。代码如下所示，实例源文件位于本书素材文件中的"第5章源码\5-20.html"。

```
<html>
<head>
<title>ID选择器</title>
<style type="text/css">
#bold{                        /*ID选择器以"#"开头*/
    font-weight:bold;         /*粗体*/
}
#green{                       /*ID选择器以"#"开头*/
    font-size:40px;                /*字体大小*/
    color:red;                /*颜色*/
}
</style>
</head>
<body>
    <p id="bold">ID选择器1</p>
    <p id="green">ID选择器2</p>
    <p id="green">ID选择器3</p>
    <p id="bold green">ID选择器4 </p>
</body>
</html>
```

上述代码示例效果如图5-20所示。

通过ID选择器达到的效果：

在HTML中，ID选择器也可以用于多个标记。在编写CSS代码时，应该养成良好的编写习惯，一个id最多只能赋予一个HTML标记。但这里需要指出的是，将ID选择器用于多个标记是错误的，因为每个标记定义的id不只是CSS可以调用，JavaScript等其他脚本语言同样也可以调用。如果一个HTML中有两个相同id的标记，那么将会导致JavaScript在查找id时出错（如函数 getElementById()）。在最后的<p>中引用两个ID选择器是错误的，这样引用后CSS样式没有任何效果。

图5-20　ID选择器应用效果

（4）3种选择器引用对比效果。

在HTML页面中，如果对某些控制对象引用了3种选择器，那么哪一种选择器的效果会起决定性的作用？

● 3种选择器引用对比效果示例

在HTML页面中，当某个标签引用方式同时使用标记选择器、类别选择器和ID选择器引用CSS样式时，哪种引用的CSS样式会起作用？现在通过示例程序代码来演示说明。代码如下所示，实例源文件位于本书素材文件中的"第5章源码\5-21.html"。

```
<html>
<head>
```

```
<title>3 种选择器的引用效果</title>
<style  type="text/css">
p{
     color:#000066;            /*蓝色*/
     font-size:16px;           /*文字大小*/
}
.red{
     color:red;                /*红色*/
     font-size:18px;           /*文字大小*/
}
#green{
     color:green;              /*绿色*/
     font-size:24px;           /*文字大小*/
}
</style>
</head>
<body>
    <p>看看是标记选择器的效果</p>
    <p class="red">看看是标记选择器还是 class 选择器的效果</p>
    <p id="green" class="red" >看看是标记选择器还是 class 选择器还是 ID 选择器的效果</p>

</body>
</html>
```

上述代码示例效果如图 5-20 所示。

从上面示例中能够得出这样一个结论，ID 选择器的"优先级"大于类选择器的"优先级"，类选择器的"优先级"大于标记选择器的"优先级"。

5. 在网页中使用 CSS 样式的方法

在基本了解 CSS 之后，就可以使用 CSS 对页面进行全方位的控制了。本部分主要介绍如何在 HTML 中使用 CSS，包括行内式、内嵌式、链接式、导入式等，最后探讨各种方式的优先级问题。

（1）行内式。

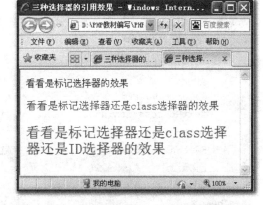

图 5-21　3 种选择器应用对比效果

行内式样式表是所有样式方法中最为直接的一种，它直接对 HTML 的标记使用 style 属性，然后将 CSS 代码直接写在其中，如下示例。

● 行内式样式示例

现在通过示例程序代码来演示说明在 HTML 页面中，当某些样式通过行内式来引用时的情况。代码如下所示，实例源文件位于本书素材文件中的"第 5 章源码\5-22.html"。

```
<html>
    <head>
    <title>行内引入示例</title>
    </head>
    <body>
        <p style="color:#FF0000; font-size:20px; text-decoration:underline;">江南 style</p>
```

```
        <p style="color:#000000; font-style:italic;">是韩国鸟叔唱的</p>
        <p style="color:#FF00FF; font-size:25px; font-weight:bold;">我不喜欢，我喜欢航
母 style</p>
    </body>
</html>
```

上述代码示例效果如图 5-22 所示。

可以看到在 3 个<p>标记中都引用了行内式样式，并且设置了不同的 CSS 样式，各个样式之间互不影响，分别显示自己的样式效果。

行内式是最为简单的 CSS 使用方法，但由于需要为每一个标记设置 style 属性，后期维护成本很高，而且网页容易过"胖"，因此不推荐使用。

（2）内嵌式。

内嵌式样式表就是将 CSS 写在<head>与</head>之间，并且用<style>和</style>标记进行声明，如下示例。

● 内嵌式样式示例

图 5-22 行内式样式使用效果

现在通过示例程序代码来演示说明在 HTML 页面中，当某些样式通过内嵌式来引用时的情况。代码如下所示，实例源文件位于本书素材文件中的"第 5 章源码\5-23.html"。

```
<html>
<head>
<title>内嵌式引入式样</title>
<style  type="text/css">
p{
    color:#0000FF;                  /*蓝色*/
    text-decoration:underline;      /*下画线*/
    Font-weight:bold;               /*粗体*/
    Font-size:25px;                 /*字体大小*/
}
</style>
</head>
<body>
    <p>我喜欢中国好声音</p>
    <p>我喜欢汪峰的歌曲</p>
    <p>我喜欢刘欢的歌曲</p>
</body>
</html>
```

上述代码示例效果如图 5-23 所示。

可以看到在 3 个<p>标记中都使用内嵌 style 属性。采用内嵌式的方法，则 3 个标记显示的效果将完全相同。

从示例中可以看到，所有 CSS 的代码部分被集中在了同一个区域，方便了后期的维护，页面本身也大大"瘦身"。但如果是一个网站，有很多的页面，对于不同页面上的<p>标记都要采用同

样的风格时，内嵌式的方法就显得麻烦，维护成本也高，因此内嵌式仅适用于对特殊的页面设置单独的样式风格。

（3）链接式。

链接式样式表是使用频率最高，也是最为实用的方法。它将 HTML 页面本身与 CSS 样式风格分离为两个或者多个文件，实现了页面框架 HTML 代码与美工 CSS 代码的完全分离，使得前期制作和后期维护都十分方便，网站后台的技术人员与美工设计者也可以很好地分工合作。

同一个 CSS 文件可以链接到多个 HTML 文件中，甚至可以链接到整个网站的所有页面中，使网站整体风格统一、协调，并且后期维护的工作量也大大减少。下面来看一个链接式样式表的实例。

图 5-23 内嵌式样式使用效果

● 链接式样式示例

现在通过示例程序代码来演示说明在 HTML 页面中，当某些样式通过链接式来引用时的情况。代码如下所示，实例源文件位于本书素材文件中的"第 5 章源码\link_css.css"和"第 5 章源码\5-24.html"。

样式文件内容如下：

```
h2{
    color:red;                    /*红色*/
}
p{
    color:#0000FF;                /*蓝色*/
    text-decoration:underline;    /*加下画线*/
    Font-weight:bold;             /*粗体*/
    Font-size:15px;               /*字体大小*/
}
```

HTML 文件内容如下：

```
<html>
<head>
<title>链接式引入样式</title>
<link href="link_css.css" type="text/css" rel="stylesheet">
</head>
<body>
    <h2>《北京 北京》</h2>
    <p>汪峰的歌：……</p>
    <h2>《我和你》</h2>
    <p>刘欢的歌：……</p>
</body>
</html>
```

上述代码示例效果如图 5-24 所示。

在样式文件 link_css.css 中声明了<h2>和<p>标记的样式。从运行效果上看，在 HTML 相应标记的位置都起了作用。

可以从示例中看到，所有 CSS 的代码部分都放置在一个样式表文件中，方便了后期的维护，页面本身也大大"瘦身"。从 HTML 文件中可以看到，文件 link_css.css 将所有的 CSS 代码从 HTML 文件中分离出来，然后在文件 HTML 的<head>和</head>标记之间加上<link href="link_css · css" type="text/css" rel="stylesheet">语句，将 CSS 文件链接到页面中，对其中的标记进行样式控制。

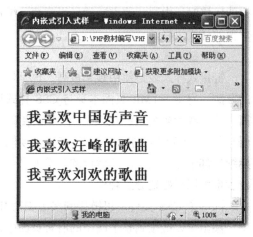

图 5-24　内嵌式样式使用效果

在创建样式文件 link_css.css，保存文件时应将样式文件和 HTML 文件在同一个文件夹中，否则，href 属性中需要带有正确的文件路径。

链接式样式表的最大优势在于 CSS 代码与 HTML 代码完全分离，并且同一个 CSS 文件可以被不同的 HTML 链接使用。因此在设计整个网站时，可以将所有页面都链接到同一个 CSS 文件，使用相同的样式风格。如果整个网站需要进行样式上的修改，就只需要修改这一个 CSS 文件即可。

（4）导入式。

导入式样式表与链接式样式表的功能基本相同，只是语法和运作方式上略有区别。采用 import 方式导入的样式表，在 HTML 文件初始化时，会被导入 HTML 文件，作为文件的一部分，类似内嵌式样式表的效果。而链接式样式表则是在 HTML 的标记需要格式时才以链接的方式引入。

在 HTML 文件中导入样式表，常用的有如下几种@import 语句，可以选择任意一种放在<style>与</style>标记之间。

```
@import url(sheet1.css);
@import url("sheet1.css");
@import url('sheet1.css');
@import  sheet1.css;
@import  "sheet1.css" ;
@import  'sheet1.css ';
```

以上所有字符需要英文半角形式。

● 导入式样式示例

现在通过示例程序代码来演示说明在 HTML 页面中，当某些样式通过导入式来引用的情况。代码如下所示，实例源文件位于本书素材文件中的"第 5 章源码\link_css.css"和"第 5 章源码\5-25.html"。

样式文件内容如下：

```
h2{
    color:red;                          /*红色*/
}
p{
    color:#0000FF;                      /*蓝色*/
    text-decoration:underline;          /*加下画线*/
    Font-weight:bold;                   /*粗体*/
```

```
      Font-size:15px;                        /*字体大小*/
}
```

HTML 文件内容如下：

```
<html>
<head>
<title>导入式引入 CSS 样式</title>
<style  type="text/css">
<!--
@import url(link_css.css);
    -->
</style>
</head>
<body>
    <h2>这是第 1 行正文内容……</h2>
    <h2>这是第 2 行正文内容……</h2>
    <p>这是第 3 行正文内容……</p>
</body>
</html>
```

上述代码示例效果如图 5-25 所示。

图 5-25　导入式样式使用效果

在样式文件 link_css.css 中声明了<h2>和<p>标记的样式。从运行效果上看，在 HTML 相应标记的位置都起了作用。

导入式样式表的最大用处在于可以让一个 HTML 文件导入很多的样式表，不单是 HTML 文件的<style>与</style>标记中可以导入多个样式表，在 CSS 文件内也可以导入其他的样式表。

5.1.3　任务实施

结合上面介绍的 CSS 样式设计的知识对平顶山韩创教育咨询网站的 CSS 样式进行设计。本次任务的实施先从页面 body 开始，把主要 CSS 进行详细介绍。所有样式文件的实例源文件位于本书素材文件中的"第 5 章源码\index.css"。

1．body 的样式设计

在这里使用了标记选择器来对整个 body 进行控制。对于页面 body 的 CSS 样式设计主要考虑字体、字号、补丁、定位、颜色等几个方面。

```css
body{
    width:100%;                  /*宽度*/
    font-family:"宋体";          /*字体*/
    font-size:12px;              /*字号*/
    margin:0px;                  /*外补丁*/
    padding:0;                   /*内补丁*/
    position:relative;           /*定位：相对定位*/
    color:#333333;               /*颜色*/
    }
```

2．总体 box 的样式设计

在这里使用了 ID 选择器来对 box 进行控制。对于总体 box 的 CSS 样式设计主要考虑 box 的尺寸、补丁、字体的大小等几个方面。

```css
#box{
    width:1000px;  /*宽度*/
    margin:0 auto;
    padding:0px;
    font-size:12px;
    }
```

3．bannaer 的样式设计

对于总体 bannaer 的 CSS 样式设计主要考虑尺寸、颜色、补丁、字体、布局、浮动、背景、边框等几个方面。下面选择部分样式进行说明。

```css
#bannaer{
    width:1000px;
    height:412px;
    margin:0 auto;
    }
#header{
    width:1000px;
    height:103px;
    border-top:5px #0091b8 solid;
    }
.header_logo{
    width:422px;
    height:66px;
    padding-left:30px;
    padding-top:15px;
    float:left;
    }
……
.header_right-top-left{
    width:210px;
    height:22px;
    float:right;
```

```
    background:url(images/top_home.gif) no-repeat;
    padding-top:5px;
    padding-left:5px;
    margin-top:8px;
    margin-bottom:8px;
    }
```

4．内容的样式设计

对于总体中间内容部分的 CSS 样式设计主要考虑尺寸、颜色、补丁、字体、布局、浮动、背景、边框等几个方面。下面选择部分样式进行说明。

```
#con{
    width:988px;
    margin:0 auto;
    padding-top:12px;
    }
.left_left{
    width:390px;
    height:524px;
    float:left;
    }
.left_left_top{
    width:390px;
    height:256px;
    }
.left_left_top_a{
    width:390px;
    height:29px;
    background:url(images/con_conbj.gif) repeat-x;
    }
.left_left_top_aleft{
    width:98px;
    height:29px;
    float:left;
    background:url(images/con_hdbj.gif) no-repeat;
    color:#FFF;
    font-weight:bold;
    text-align:center;
    line-height:29px;
    font-size:10pt;
    }
    ……
#right{
    width:264px;
    float:right;}
.right_top{
    width:264px;
    height:346px;
    }
.right_top_a{
    width:264px;
    height:29px;
```

```
        background:url(images/con_conbj.gif) repeat-x;
        }
.right_top_aleft{
    width:98px;
    height:29px;
    float:left;
    background:url(
    images/con_hdbj.gif) no-repeat;
    color:#FFF;
    font-weight:bold;
    text-align:center;
    line-height:29px;
    font-size:10pt;
    }
.right_top_amore{
    width:50px;
    height:29px;
    float:right;
    line-height:29px;
    padding-right:8px;
    color:#003043;
    }

    ……

.right_top_contentall{
    width:254px;
    height:110px;
    margin:0 auto;
    padding-top:6px;
    }
.right_top_contentall ul{
    margin:0px;
    padding:0px;
    list-style:none;
    }
.right_top_contentall ul li{
    width:252px;
    line-height:25px;
    float:left;
    border-bottom:1px #333333 dashed;
    background:url(images/new_li.gif) 5px 10px no-repeat;}
……
.right_you{
    width:264px;
    height:118px;
    margin-top:12px;
    background:url(images/youqing_bj.gif) no-repeat;
    }
.right_you_top{
    width:262px;
    height:44px;
    padding-top:10px;}
```

```
.right_you_top_pic{
    width:120px;
    height:42px;
    float:left;
    padding-left:8px;
    }
```

5. 菜单的样式设计

对于菜单的 CSS 样式设计主要考虑尺寸、颜色、补丁、字体、布局等几个方面。下面选择部分样式进行说明。

```
#menu ul li a{
    color:#FFF;
    text-decoration:none;
    font-weight:bold;
    padding-left:30px;
    padding-right:10px;
    }
.nav_seach{
    width:282px;
    height:23px;
    float:right;
    padding-top:8px;
    padding-right:15px;
    }
.nav_seach-txt{
    width:202px;
    height:23x;
    float:left;
    }
.nav_seach-btn{
    width:65px;
    height:22x;
    float:right;
    }
```

6. footer 的样式设计

对于 footer 的 CSS 样式设计主要考虑尺寸、颜色、补丁、字体、边框等几个方面。下面选择部分样式进行说明。

```
#footer{
    width:1000px;
    height:79px;
    padding-top:10px;
    margin:0 auto;
    }
.foote_bj{
    width:1000px;
    height:79px;
    border-top:3px #103845 solid;
    }
.foote_text{
```

```
        width:490px;
        height:40px;
        margin:0 auto;
        line-height:20px;
        padding-top:10px;
        }
    .foot_qq{
        width:284px;
        height:25px;
        margin:0 auto;
        padding-top:5px;}
    .foot_qq-pic{
        width:76px;
        height:25px;
        float:left;
        padding-left:15px;
        }
```

通过以上 6 个方面完成对韩创教育咨询网站的样式设计，在下一节的制作过程中将应用到具体部分再做细致的调整和优化，使网站的效果更加美好。

5.1.4　任务评价

本任务的考核是通过平顶山韩创教育咨询网站的 CSS 设计完成结果为最终考核，考核的主要内容是使用 CSS 样式的应用能力。掌握 CSS 样式表功能、能够使用 CSS 定义规则的方法，掌握几种常用样式引入方式，掌握创建和应用 CSS 样式表的方法，学会用 CSS 样式表进行网页的美化和网页布局。表 5-9 所示为本任务考核标准。

表 5-9　　　　　　　　　　　　　　　本任务考核标准

评分项目	评分标准	分值	比例
任务结果	熟练掌握 CSS 面板的使用	0～20 分	50%
	能够使用 CSS 规则进行 CSS 样式设计	0～20 分	
	熟练掌握几种 CSS 导入方式，并能灵活应用	0～10 分	
任务过程	根据任务实施过程的态度、团队协作、拓展能力和创新能力等方面进行考核	酌情打分	20%
知识的掌握	（1）掌握 CSS 常用的属性 （2）掌握 CSS 几种常用样式引入式 （3）能够拓展学习 CSS 样式的其他知识	酌情打分	20%
任务完成时间	在规定的时间内完成任务者得满分，每推迟 1 小时扣 5 分	0～20 分	10%

5.1.5　任务小结

掌握了 CSS 样式设计，程序员可以更灵活地控制网页中文字的字体、颜色、大小、间距，并精确地控制网页中各元素的位置。深入理解 CSS 基本知识及应用，利用它来使排版的网页代码简洁，更新方便，能兼容更多的浏览器，使编程人员在修改设计时更有效率，而代价更低，使整个站点保持视觉的一致性，使站点可以更好地被搜索引擎找到，使站点对浏览者和浏览器更具亲和力。

本次任务在掌握 CSS 样式基本知识的同时完成了韩创教育咨询网站的 CSS 样式设计。

5.2　任务二　CSS+DIV 页面布局

5.2.1　任务描述

本次任务主要完成平顶山韩创教育咨询网站的页面布局。整个网站的布局采用 DIV+CSS 来实现，通过该网站布局来掌握用 DIV 来分割页面，并引入 CSS 样式对相应内容的位置、大小、颜色、定位等进行设置，使韩创教育咨询网站的页面效果更加流畅和美观。

5.2.2　相关知识

大多数人在刚学习网页制作时，总是习惯先考虑外观，考虑图片、字体、颜色以及布局等所有表现在页面上的内容。但是外观并不是最重要的，用户在访问网页时的体验才是要优先考虑的。一个由 DIV+CSS 布局且结构良好的页面可以通过调整 CSS 的定义，在任何地方、任何网络设备（包括 PDA、移动电话和计算机）上以任何外观表现出来，而且利用 DIV+CSS 布局方式构建的网页能够简化网页代码、加快网页显示速度，因此，DIV+CSS 已经成为目前流行的网页布局方式，也是网页设计和制作人员必须掌握的技能之一。

前面介绍了 CSS 样式中常用的属性和选择器的使用，本部分知识将深入理解 CSS 盒子模型，同时要介绍 CSS 排版的观念和具体方法，包括 CSS 排版的整体思路、两种具体的排版结构。

1. 深入理解 CSS 盒子模型

在进行网页制作过程中，有一个最重要的概念值得介绍一下，那就是盒子模型（Box Model）的概念。所有页面中的元素都可以看成一个盒子，占据着一定的页面空间，只有很好地掌握了盒子模型以及其中每个元素的用法，才能真正地控制好页面中的各个元素。一般来说，这些被占据的空间往往都要比单纯的内容大。为了适应页面的布局，可以通过调整盒子的边框和距离等参数来调整盒子的位置及大小。

可以通过声明宽和高来定义一个元素的内容（content）的宽度和高度。如果没有做任何的声明，宽度和高度的默认值将是自动（auto）；CSS 盒子模式具备的属性：内容（content）、填充（padding）、边框（border）、边界（margin）。盒子模型如图 5-26 所示。

为什么叫它盒子模型呢？这是由于它和我们日常生活中的盒子非常类似。内容（content）就是盒子里装的东西；而填充（padding）就是怕盒子里装的东西（贵重的）损坏而添加的泡沫或者其他抗震的辅料；边框（border）就是盒子本身了；至于边界（margin）则说明盒子摆放的时候的不能全部堆在一起，要留一定空隙保持通风，同时也是为了方便取出。而在网页设计上，最重要的内容常指文字、图片等元素，但是也可以是小盒子（DIV 嵌套）。下面举个小例子具体介绍一下盒子模型。代码如下所示，实例源文件位于本书素材文件中的 "第 5 章源码\box_model.html"。

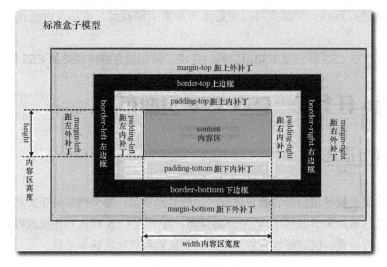

图 5-26　盒子模型

盒子模型示例:

```
<html>
<head>
<title>盒子模型例子</title>
<style type="text/css">
body{
    width:480px;
    height:248px;
    margin:0;
    padding:0;
    background-color:#66FFFF;
}
.box{
    margin-top:40px;
    margin-bottom:40px;
    margin-right:66px;
    margin-left:66px;
    border:24px 30px solid blue;
    padding-top:30px;
    padding-bottom:30px;
    padding-left:45px;
    padding-right:45px;

}
span{
    background-color:#FFFFFF;
    width:120px;
    height:70px;
    magin:0px;
    padding:0;
}
</style>
</head>
```

```
<body>
<div class="box">
            <span>这是盒子模型</span>
 </div>
</body>
</html>
```

上述代码示例效果如图 5-27 所示。

从上述代码和示例中，大家可以看到基本的盒子应用可以有内容（content）、外边距（margin）、边框（border）、内边距（padding）。盒子的内容可以是文字、图片等元素，这里不再展示说明，现在将盒子模型的边界（margin）、边框（border）、填充（padding）等参数的使用情况进行详细说明。

（1）外边距（margin）。

外边距（margin）在 CSS 样式属性中又称为外补丁或边界，指的是元素与元素之间的距离。观察图 5-26 和图 5-27，可以看到边框在默认情况下会定位于浏览器窗口的左上角，但是并没有紧贴着浏览器窗口的边框。这是因为 body 本身也是一个盒子，在默认情况下，body 会有一个若干像

图 5-27　盒子模型示例图

素的 margin，具体数值因各个浏览器而不尽相同。因此在 body 中的其他盒子就不会紧贴着浏览器窗口的边框。

margin 属性可以设置 1~4 个属性值，这个属性接受任何长度单位、百分数值甚至负值。margin 属性接受任何长度单位，可以是像素、英寸、毫米或 em，含义分别如下。

● 设置 1 个属性值时，表示上、下、左、右 4 个 margin 均为该值。

一个属性值的示例如下：

```
margin:0.3in;
```

所有 4 个外边距都是 0.3 英寸。

● 设置 2 个属性值时，前者为上、下 margin 的值，后者为左、右 margin 的值。

两个属性值的示例如下：

```
margin:10px 5%;
```

上外边距和下外边距是 10px。

右外边距和左外边距是 5%。

● 设置 3 个属性值时，第 1 个为上 margin 的值，第 2 个为左、右 margin 的值，第 3 个为下 margin 的值。

3 个属性值的示例如下：

```
margin:10px 5px 15px;
```

上外边距是 10px。

右外边距和左外边距是 5px。

下外边距是 15px。

● 设置 4 个属性值时，按照顺时针方向，依次为上、右、下、左 margin 的值。

```
margin:10px 5px 15px 20px;
```

上外边距是 10px。

右外边距是 5px。

下外边距是 15px。

左外边距是 20px。

如果需要专门设置某一个方向的 margin，可以使用 margin-top、margin-bottom、margin-right 或者 margin-left 来设置。例如，如下代码，实例文件位于本书素材文件中的"第 5 章\margin_box.html"。

```
<html>
<head>
<title>margin 外边距的例子</title>
<style type="text/css">
body{
    margin:0px;
    padding:0px;
    width:300px;
    height:260px;
    border:5px black solid;
}
#box {
    width:240px;
    height:200px;
    margin:10px 0px 20px;
    margin-left:30px;               /*单独修改了 margin-left 的值*/
    border:10px green dashed;
}
#box img {
    margin:0px;
    padding:0px;
    width:180px;
    heigth:140px;
    border:3px red solid;
}
</style>
<body>
    <div id="box"><img src ="cb.png"></img></div>
</body>
</html>
```

上述代码示例效果如图 5-28 所示。

（2）边框（border）。

边框（border）一般用于分隔不同元素，其外围即为元素的最外围，因此计算元素实际的宽和高时，就要包含 border 的距离。border 的属性主要有 3 个，分别是 color（颜色）、width（粗细）和 style（样式）。在设置 border 时常常需要将这 3 个属性很好地配合起来，才能达到良好的效果。

在使用 CSS 设置边框的时候，可以分别使用 border-color、border-width 和 border-style 属性设置它们。

● border-color 属性用于指定 border 的颜色，它的设置方法与文字的 color 属性完全一样，一共可以有 256^3 种颜色。通常情况下设置为十六进制的值，如红色为 "#FF0000"；还可以用英文单词表示，如 red、green 等。

● border-width 属性用于指定 border 的粗细程度，可以设成 thin（细）、medium（适中）、thick（粗）和<length>。其中，<length>表示具体的数值，如 5px 和 0.1 英寸等。Width 属性的默认值为 "medium"，一般的浏览器都将其解析为 2px 宽。

● border-style 属性，它可以设为 none、hidden、dotted、dashed、solid、double、groove、ridge、inset 和 outset 之一。它们依次分别表示 "无"、"隐藏"、"点线"、"虚线"、"实线"、"双线"、"凹槽"、"突脊"、"内陷" 和 "外凸"。其中 none 和 hidden 都不显示 border，二者效果完全相同，只是运用在表格中时，hidden 可以用来解决边框冲突的问题。

图 5-28　margin 应用效果图

为了详细了解各种边框样式（border-style）的具体表现形式，用具体实例演示，代码如下，实例文件位于本书素材文件中的 "第 5 章\border_style.html"。

```html
<html>
<head>
<title>border-style 示例</title>
<style type="text/css">
div {
    border-width:8px;
    border-color:#black;
    margin:10px;
    padding:10px;
    background-color:#FFFFCC;
}
</style>
</head>
<body>
    <div style="border-style:solid">这种 border-style 是实线.</div>
    <div style="border-style:dashed">这种 border-style 是虚线.</div>
    <div style="border-style:dotted">这种 border-style 是点线.</div>
    <div style="border-style:double">这种 border-style 是双线.</div>
    <div style="border-style:groove">这种 border-style 是凹槽.</div>
    <div style="border-style:outset">这种 border-style 是外凸.</div>
    <div style="border-style:inset">这种 border-style 是内陷.</div>
    <div style="border-style:ridge">这种 border-style 是突脊.</div>
</body>
</html>
```

上述代码示例效果如图 5-29 所示。

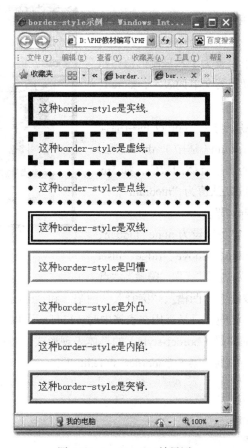

图 5-29　border-style 效果图

（3）内边距（padding）。

内边距（padding）在 CSS 样式属性中又称为内补丁，用于控制内容与边框之间的距离。如图 5-26 和图 5-27 所示，在边框和内容之间的空白区域就是内边距。

padding 属性可以设置 1 到 4 个属性值，padding 属性接受长度值或百分比值，但不允许使用负值。padding 属性接受任何长度单位，可以是像素、英寸、毫米或 em，含义分别如下。

- 设置 1 个属性值时，表示上、下、左、右 4 个 padding 均为该值。

一个属性值的示例如下：

```
padding:20px;
```

所有 4 个内边距都是 20px。

- 设置 2 个属性值时，前者为上、下 padding 的值，后者为左、右 padding 的值。

2 个属性值的示例如下：

```
padding:10px 5px;
```

上内边距和下内边距是 10px。

右内边距和左内边距是 5px。

- 设置 3 个属性值时，第 1 个为上 padding 的值，第 2 个为左、右 padding 的值，第 3 个为下 padding 的值。

3 个属性值的示例如下：

```
padding:10px  25px  15px;
```

上内边距是 10px。

右内边距和左内边距是 25px。

下内边距是 15px

● 设置 4 个属性值时，按照顺时针方向，依次为上、右、下、左 padding 的值。

```
padding: 10px  0.5em  4ex  20%;
```

上内边距是 10px。

右内边距是 0.5em。

下内边距是 4ex。

左内边距是 20%。

如果需要专门设置某一个方向的 padding，可以使用 padding-left、padding-right、padding-top 或者 padding-bottom 来设置。例如，如下代码，实例文件位于本书素材文件中的 "第 5 章 \padding_box.html"。

```html
<html>
<head>
<title>padding 示例</title>
<style type="text/css">
#box {
    width:150px;
    height:100px;
    padding:20px 40px 10px;
    padding-left:10px;
    border:5px gray dashed;
}
#box img {
    Border:1px blue solid;
}
</style>

<body>
    <div id="box"><img src ="0.png"></img></div>
</body>
</html>
```

其结果时上侧的 padding 为 20 像素，右侧的 padding 为 40 像素，下侧和左侧的 padding 为 10 像素，如图 5-30 所示。

2．用 CSS 对页面布局

CSS 的布局有别于传统的排版习惯。首先对页面在整体上进行<div>标记的分块，然后对各个分好的块进行 CSS 定位，最后再在各个块中添加相应的内容。通过 CSS 排版的页面，更新十分容易，甚至是页面的拓扑结构，都可以通过修改 CSS 属性来重新定位。

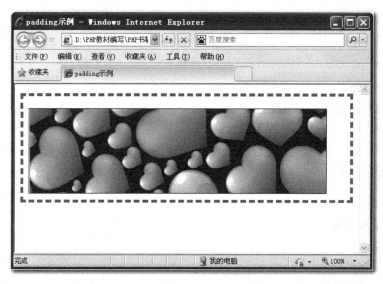

图 5-30　padding 效果图

（1）用 div 对页面分块。

CSS 排版要求设计者首先对页面有一个整体的框架规划，包括整个页面分为哪些模块，各个模块之间的父子关系等。以简单的框架为例，页面由 banner、主体内容（content）、菜单导航（links）和脚注（footer）等几个部分组成，各部分分别用自己的 ID 来标识，整体内容结构示意如图 5-31 所示。

图 5-31 中每个色块都是一个<div>，这里直接用 CSS 的 ID 表示方法来表示各个块。页面的所有 div 都属于块#container，一般的 div 排版都会在最外面加上一个父 div，便于对页面的整体进行调整。对于每个子 div 块，还可以再加入各种块元素或者行内元素。

（2）设计各块的位置。

当页面的内容确定以后，则需要根据内容本身考虑整体的页面版型，如单栏、双栏或左中右等。这里考虑到导航条的易用性，采用常见的双栏模式，如图 5-32 所示。

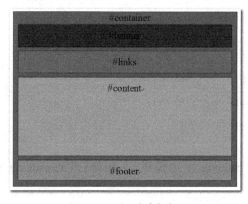

图 5-31　页面内容框架

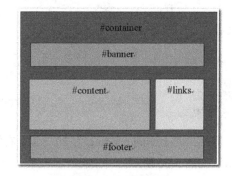

图 5-32　各块的位置

在整体的#container 框架中，页面的 Banner 在最上方，然后是内容#content 与导航条#links，二者在页面的中部，其中#content 占据整个页面的主体。最下方是页面的脚注#footer，用于显示版权信息和注册日期等。有了页面的整体框架后，便可以用 CSS 对各个 div 块进行定位。

（3）用 css 定位。

整理好页面的框架后便可以利用 CSS 对各个块进行定位，实现对页面的整体规划，然后再向各个模块中添加内容。首先对<body>标记与#container 父块进行设置，代码如下：

```
body{
    margin:0px;
    font-size:13px;
    font-family:Arial;
}
#container{
    position:relative;
    width:100%;
}
```

以上设置了页面文字的字号、字体以及父块的宽度，让其撑满整个浏览器。接下来设置#banner 块：

```
#banner{
    height:80px;
    border:1px solid #000000;
    text-align:center;
    background-color:#a2d9ff;
    padding:10px;
    margin-bottom:2px;
    }
```

这里设置了#banner 块的高度，以及一些其他的个性化设置，也可以根据自己的需要进行调整。如果#banner 本身就是一副图片，那么#banner 的高度就不需要设置。

利用 float 浮动方法将#content 移动到左侧，#links 移动到页面右侧，这里不指定#content 的宽度，因为它需要根据浏览器的变化而自己调整，但#links 作为导航条指定其宽度为 200px。代码如下：

```
#content{
    float:left;
    }
#links{
    float:right;
    width:200px;
    text-align:center;
    }
```

读者完全可以根据需要设置背景色和文字颜色等其他 CSS 样式，此时如果给页面添加一些实际的内容，就会发现页面的效果如图 5-33 所示。

将以上代码进行修改：

```
#links{
    float:right;
    width:200px;
    border:1px solid #000000;
    margin-left:-200px;
    text-align:center;
    }
```

上述代码示例效果如图 5-34 所示。

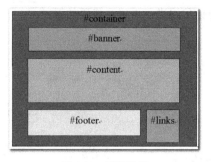

图 5-33　页面效果

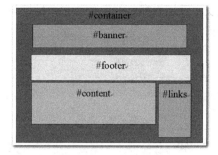

图 5-34　页面效果

此时会发现#content 的内容与#links 的内容发生了重叠，这时只需要设置#content 的 padding-right 属性为-200px，在宽度不变的情况下将内容向左压缩即可。另外由于#content 和#link 都设置了浮动属性，因此#footer 需要设置 clear 属性，使其不受浮动的影响，代码如下：

```
#content{
    float:left;
    text-align:center;
    padding-right:200px;
}
#footer{
    clear:both;
    height:30px;
    border:1px solid #000000;
    text-align:center;
}
```

经过调整，页面的显示效果如图 5-35 所示，#content 的实际宽度依然是整个页面的 100%。

这样页面的整体框架便搭建好了，需要指出的是，#content 块中不能放宽度太长的元素，如很长的图片或不折行的英文等，否则#link 将再次被挤到#content 下方。如果后期维护时希望#content 的位置与#links 对调，只需要将#content 和#links 属性中的 float、padding 和 margin 的 left 改成 right，right 改成 left 即可，这是传统的排版方式所不可能实现的，也正是 CSS 排版的魅力之一。

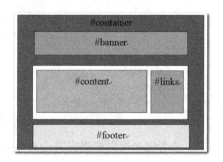

图 5-35　调整后的效果

3．两种排版版式介绍

（1）固定宽度且居中的版式。

宽度固定而且居中的版式是网络中最常见的排版方式之一，下面利用 CSS 排版的方式制作这种通用的结构，并采用两种方法分别予以实现。

首先将所有页面内容用一个大的<div>包裹起来，代码如下：

```
<html>
    <head></head>
    <body>
        <div id="container">页面具体内容</div>
    </body>
</html>
```

指定该<div>的 ID 为 container，这个 ID 在整个页面中是唯一的。虽然大部分浏览器并不限制重复 ID 的使用，但不建议在同一个页面中出现重复的 ID，因为重复 ID 会使得 JavaScript 等脚本语言在寻找对象时发生混乱。

根据<div>划分的位置再引入相应的 CSS 样式对页面进行布局。假设固定的宽度为 700px。本部分的 CSS 样式设计如下：

```
body,html{
    margin:0px;
    text-align:center;
}
#container{
    position:relative;
    margin:0 auto;
    width:700px;
    text-align:left;
    background:url(bg.jpg) repeate-y;
}
```

以下对上面的代码进行逐行解释，首先对<body>和<html>标记进行属性控制。虽然绝大多数浏览器是以<body>为基准的，一般情况下不需要声明<html>标记，但特殊情况下会对二者同时声明。

"margjin:0;"指定页面四周的空隙都为 0。紧接着设置 "text-align:center;"，这是整个排版的关键语句，即将页面<body>中的所有元素都设置为居中，块#container 属于页面的一部分，也居中对齐。

接下来设置#container 的属性，"position:relative;"设置块相对于原来的位置。但是由于<body>已经设置了居中，因此这里不需要再调整，只是考虑到浏览器的兼容性，加上了这句代码。

#container 属性中的 "margin:0 auto ;"是非常关键的一句，它使得该块与页面的上下边界距离为 0，左右则自动调整。这一句代码的完整写法为 "margin:0 auto 0 auto"，这里采用了简写。其中 margin-left 和 margin-right 属性的 auto 值一定要写，否则在 Firefox 浏览器中将默认为 0，页面会移动到浏览器窗口的左侧。

然后设定 "width:700px;"，这是需要设定的固定宽度。最后的 "text-align:left;"，用来覆盖<body>中设置的对齐方式，使得#container 中的所有内容恢复左对齐。

（2）左中右版式。

将页面分割为左、中、右 3 块也是网页中常见的一种排版模式，本节以此结构为例来进一步讲解 CSS 排版的方法，页面结构如图 5-36 所示。

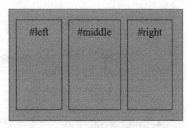

图 5-36　左中右的结构

这里制作的是左栏#left 与右栏#right 的宽度、位置固定，中间的#middle 随着页面自动调整的排版方式，至于其他方式，读者可以根据类似的方法自己试验。

171

首先搭建 HTML 的结构框架，由于框架清晰明了，直接用 3 个<div>块即可，代码如下：

```
<body>
    <div id="left">
     <p>left</p>
    </div>
    <div id="middle">
     <p>正文内容</p>
    </div>
    <div id="right">
        <p>right</p>
    </div>
</body>
```

设置<body>标记的样式，包括 margin、padding、字体、颜色和背景色等，这些对整体结构都没有太大的影响，代码如下：

```
body{
    margin:0px;
    padding:0px;
    font-family:arial;
    color:#060;
    background-color:#ccc;
}
```

接下来分别设置#left、#middle 和#right 的样式，其中#left 与#right 都采用绝对定位，并且固定块的宽度，而#middle 块由于需要根据浏览器自动调整，因此不设置类似的属性。但由于将另外两个块的 position 属性设置为了 absolute，此时#middle 的实际宽度为 100%，因此必须将它的 margin-left 和 margin-right 属性都设置为 190px（左右块的宽度），CSS 样式代码如下：

```
#left{
    position:absolute;
    top:0px;
    left:0px;
    margin:0px;
    background-color:#fff;
    width:190px;
}
#middle{
    padding:10px;
    background:#fff;
    margin:0px 190px 0px 190px;
    margin-top:0px;
}
#right{
    position:absolute;
    top:0px;
    right:0px;
```

```
    margin:0px;
    background-color:#fff;
    width:190px;
}
```

这样整个左、中、右的框架就搭建好了。

如果希望在 3 列的顶端加上#banner，底端加上#footer，如图 5-37 所示，就会出现#footer 对齐的问题。

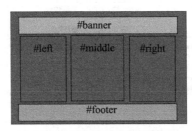

图 5-37　修改后的效果图

这时只需要将#left、#middle 和#right 这 3 块嵌套在一个父块中即可，代码如下：

```
<div id="banner"></div>
<div id="mainbox">
    <div id="left"></div>
    <div id="middle"></div>
    <div id="right"></div>
</div>
<div id="footer"></div>
```

利用层叠样式表（CSS）和层（div）结合使用，对网页进行布局。

5.2.3　任务实施

在进行页面布局设置的时候，先要建立项目文件，然后仔细查看美工人员所做的网站模板图片，根据内容用 DIV 进行划分，并引用相关的 CSS 样式进行控制。

1．项目文件创建

（1）首先在 E 盘新建一个文件夹"jiaoyu"（名字可以自己定义），在文件夹中新建一个存放图片文件夹，一般用 images 命名。

（2）建立网站站点：在打开的 Dreamweaver 下点击工具栏："站点"→"新建站点"，站点名称可以自己定义，在这里我们将其命名为"jiaoyuwangzhan"；将此站点保存在文件夹"jiaoyu"中。

（3）选择"文件"菜单下新建 HTML 页面，新建完成后将建好的 HTML 页面保存在"jiaoyu"文件夹下，并将此页面命名为 index.html，如图 5-38 所示新建 HTML 页面。

（4）选择"文件"菜单下新建 CSS 页面，如图 5-39 所示。新建 CSS 样式文件，新建完成后将建好的 CSS 页面保存在"jiaoyu"文件夹下，并将此页面命名为 index.css。

操作到此，所需要的 index.html 已经建立起来，但是此时内容是空的，接下来就是对整个页面进行 DIV 分割及引用相关的样式文件对所操作的对象进行控制。

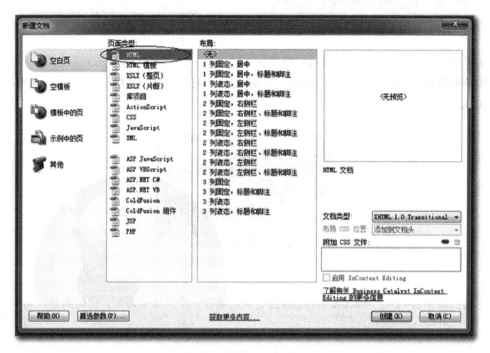

图 5-38　新建 HTML 页面

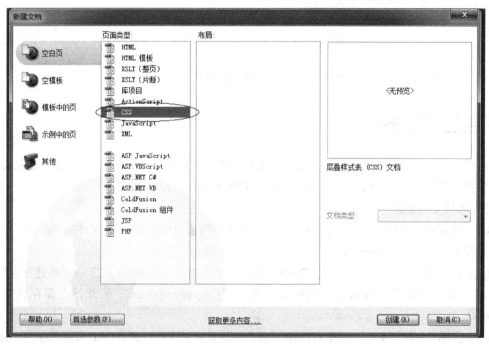

图 5-39　新建 CSS 页面

2. 页面总体 DIV 划分

根据美工设计的平顶山韩创教育咨询网站模板，用 DIV 将整个页面划分成 3 个大的 DIV 块，为了更好地控制整个页面，将这 3 个 DIV 块放在一个更大的 DIV 中，也就是放在一个大的盒子里，具体划分如图 5-40 所示。

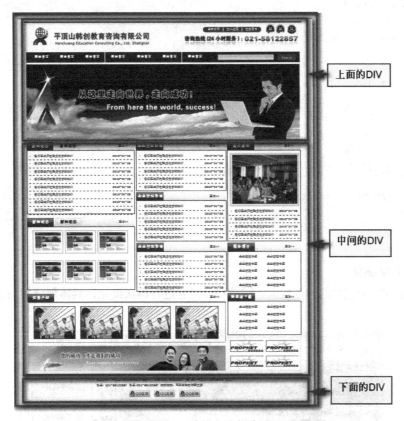

图 5-40　总的 DIV 划分图

根据图 5-39 的划分，可以将上部 DIV 的划分描述如下：

```
<div  id="最大盒子">
    <div id="上面的 DIV">
        上面 DIV 包含的区域和内容
    </div>
    <div id="中间的 DIV">
        中间 DIV 包含的区域和内容
    </div>
    <div id="下面的 DIV">
        下面 DIV 包含的区域和内容
    </div>
</div>
```

根据上面的划分描述情况，用 DIV 划分并引入相应的 CSS 样式文件进行控制，编写代码如下，实例文件位于本书素材文件中的"第 5 章\index.html"和"第 5 章\index.css"。

```
<html>
<head>
<meta http-equiv="Content-Type" content="text/html; charset=gb2312" />
<link rel="stylesheet" type="text/css" href="index.css"/>
        ......
</head>
<body>
```

```
<!--总的盒子DIV-->
   <div id="box">
       <!--上面的 DIV-->
       <div id="bannaer">
           ……
       </div>
       <!--中间的 DIV-->
       <div id="con">
           ……
       </div>
       <!--下面的 DIV-->
       <div id="footer">
           ……
       </div>
   </div>
</body>
</html>
```

3．上部 DIV 细化

由于上部 DIV 中包含的内容较大，因此可以对它进行再次细化，具体划分如图 5-41 所示。

图 5-41　上部 DIV 细划图

根据图 5-41 的划分，可以将上部 DIV 的划分描述如下：

```
<div  id="上面的 DIV">
    <div id="第一横 DIV">
        第一横 DIV 包含的区域和内容
    </div>
    <div id="第二横 DIV">
        第二横 DIV 包含的区域和内容
    </div>
    <div id="第三横 DIV">
        第三横 DIV 包含的区域和内容
    </div>
</div>
```

根据上面的 DIV 细划描述情况，编写代码如下，实例文件位于本书素材文件中的"第 5 章\index.html"和"第 5 章\index.css"。

```
<html>
<head>
<meta http-equiv="Content-Type" content="text/html; charset=gb2312" />
```

```
<link rel="stylesheet" type="text/css" href="index.css"/>
        ……
</head>
<body>
   <!--总的盒子DIV-->
     <div id="box">
       <!--上面的DIV-->
       <div id="bannaer">
            <!--第一横DIV-->
            <div id="header">
                ……
            </div>
            <!--第二横DIV-->
            <div id="nav">
                ……
            </div>
            <!--第三横DIV-->
            <div class="banner_flash"><img src="images/flash_pic.gif" width="988" height=
"265" /></div>
        </div>
        ……
    </div>
</body>
</html>
```

4. 中部 DIV 细化

中部 DIV 包含的内容较多，可以再次把里面划分成更细的 DIV，以满足对内容更好地控制和管理。具体划分如图 5-42 所示。

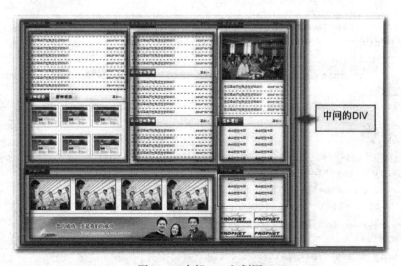

图 5-42　中部 DIV 细划图

根据图 5-42 的划分，可以将中部 DIV 的划分描述如下：

```
<div id="中部的DIV">
    <div id="第一横DIV">
        <div id="第一竖DIV">
```

177

```
        第一竖 DIV 包含的区域和内容
      </div>
      <div id="第二竖 DIV">
        第二竖 DIV 包含的区域和内容
      </div>
      <div id="第三竖 DIV">
        第三竖 DIV 包含的区域和内容
      </div>
    </div>
    <div id="第二横 DIV">
      <div id="第一竖 DIV">
        第一竖 DIV 包含的区域和内容
      </div>
      <div id="第二竖 DIV">
        第二竖 DIV 包含的区域和内容
      </div>
    </div>
  </div>
</div>
```

根据上面的 DIV 细划描述情况，编写代码如下，实例文件位于本书素材文件中的"第 5 章 \index.html"和"第 5 章\index.css"。

```
<div id="con">
    <div id="left">
      <div class="left_left">
        <div class="left_left_top">
          <div class="left_left_top_a">
            <div class="left_left_top_aleft">新闻动态</div>
            <div class="left_left_top_aleft2">新闻动态</div>
            <div class="left_left_top_amore">更多>></div>
          </div>
          <div class="left_left_content">
            <div class="left_left_contentall">
              <ul>
              <li><span>2014-12-28</span><a href="#">做营销培训</a></li>
              </ul>
            </div>
          </div>
        </div>
        <div class="left_left_top" style="margin-top:11px;_margin-top:11px;">
          <div class="left_left_top_a">
            <div class="left_left_top_aleft">新闻动态</div>
            <div class="left_left_top_aleft2">新闻动态</div>
            <div class="left_left_top_amore">更多>></div>
          </div>
          <div class="left_left_content">
            <div class="left_left_contentall">
              <div class="left_cgal">
                <ul>
                  <li><img src="images/cgan1.gif" width="94" height="66" /></li>
                </ul>
              </div>
```

178

```
          <div class="left_cgal">
            <ul>
              <li><img src="images/cgan1.gif" width="94" height="66" /></li>
            </ul>
          </div>
        </div>
      </div>
    </div>
  </div>
<div class="left_right">
  <div class="left_right_top">
    <div class="left_right_top_a">
      <div class="left_right_top_aleft">企业管理咨询</div>
      <div class="left_right_top_amore">更多>></div>
    </div>
    <div class="left_right_content">
      <div class="left_right_contentall">
      <ul>
        <li><span>2012-12-28</span><a href="#">做营销培训</a></li>
      </ul>
      </div>
    </div>
  </div>
  <div class="left_right_top" style="margin-top:5px; margin-top:5px;">
    <div class="left_right_top_a">
      <div class="left_right_top_aleft">企业管理咨询</div>
      <div class="left_right_top_amore">更多>></div>
    </div>
    <div class="left_right_content">
      <div class="left_right_contentall">
      <ul>
        <li><span>2012-12-28</span><a href="#">营销培训</a></li>
      </ul>
      </div>
    </div>
  </div>
  <div class="left_right_top" style="margin-top:5px; margin-top:5px;">
    <div class="left_right_top_a">
      <div class="left_right_top_aleft">企业管理咨询</div>
      <div class="left_right_top_amore">更多>></div>
    </div>
    <div class="left_right_content">
      <div class="left_right_contentall">
      <ul>
        <li><span>2012-12-28</span><a href="#">营销培训</a></li>
      </ul>
      </div>
    </div>
  </div>
</div>

<div class="left_gd">
```

```
    <div class="left_gd_top_a">
      <div class="left_gd_top_aleft">师资介绍</div>
      <div class="left_gd_top_amore">更多>></div>
    </div>
    <div class="left_gd_bj">
      <div class="left_gd_pic">
        <ul>
          <li><img src="images/szjs1.gif" width="149" height="112" /></li>
        </ul>
      </div>
    </div>
    <div class="left_ad"><img src="images/ad_pic.gif" width="717" height="91" /></div>
  </div>
</div>

<div id="right">
  <div class="right_top">

    <div class="right_top_a">
      <div class="right_top_aleft">热点资讯</div>
      <div class="right_top_amore">更多>></div>
    </div>
    <div class="right_top_content">
    <div class="right_top-lnx">
      <div class="right_top-lnx_pic"><img src="images/lunxian1.gif" width="235"
height="172" /></div>
    </div>
    <div class="right_top_contentall">
      <ul>
        <li><span>2010-04-28</span><a href="#">营销培训</a></li>
      </ul>
    </div>
    </div>
  </div>
  <div class="right_cen">
    <div class="right_cen_top_a">
      <div class="right_cen_top_aleft">服务项目</div>
      <div class="right_cen_top_amore">更多>></div>
    </div>
    <div class="right_cen_content">
      <div class="right_cen_content_text">
        <div class="right_cen_content_text-left">
          <ul>
            <li>企业绩效专题</li>
          </ul>
        </div>
        <div class="right_cen_content_text-left">
          <ul>
            <li>企业绩效专题</li>
          </ul>
        </div>
      </div>
```

```
        </div>
      </div>
      <div class="right_du" >
        <div class="right_du_top_a">
        <div class="right_du_top_aleft">需求表下载</div>
        <div class="right_du_top_amore">更多>></div>
        </div>
        <div class="right_du_content">
          <div class="right_du_content_text">
            <div class="right_du_content_text-left">
              <ul>
                <li>企业绩效专题</li>
              </ul>
            </div>
            <div class="right_du_content_text-left">
              <ul>
                <li>企业绩效专题</li>
              </ul>
            </div>
          </div>
        </div>
      </div>
      <div class="right_you">
        <div class="right_you_top">
          <div class="right_you_top_pic"><img src="images/youqinglianjie1.gif" width=
"119"height="41" /></div>
        </div>
      </div>
    </div>
    <div class="clear"></div>
  </div>
```

5. 下部 DIV 制作

下部 DIV 包含的内容较多，可以再次把里面划分成更细的 DIV，以满足对内容更好地控制和管理。具体划分如图 5-43 所示。

图 5-43　下部 DIV 图

根据图 5-43 的划分，编写代码如下，实例文件位于本书素材文件中的"第 5 章\index.html"和"第 5 章\index.css"。

```
<div id="footer">
<div class="foote_bj">
 <div class="foote_text">版权所有：平顶山韩创电子科技有限公司　电话:021-58122857　地址:平顶
山市水库路 3 号
   传真电话: 021-58122857　电话:021-58122857　技术支持：平职学院软件研究所
  </div>
  <div class="foot_qq">
```

```
<div class="foot_qq-pic"><img src="images/footer_qq.gif" width="76" height="25" /></div>
<div class="foot_qq-pic"><img src="images/footer_qq.gif" width="76" height="25" /></div>
<div class="foot_qq-pic"><img src="images/footer_qq.gif" width="76" height="25" /></div>
</div>
</div>
</div>
```

5.2.4　任务评价

本任务的考核是通过平顶山韩创教育咨询网站的页面布局完成结果为最终考核，考核的主要内容是使用 DIV+CSS 对页面进行分割与控制，并用 DIV+CSS 的相关知识完成布局。表 5-10 为本任务考核标准。

表 5-10　　　　　　　　　　　　　　　　本任务考核标准

评分项目	评分标准	分值	比例
任务结果	熟练应用 DIV 划分页面	0～20 分	50%
	能够使用 DIV+CSS 完成页面布局	0～20 分	
	熟练掌握几种 CSS 导入方式，并能灵活应用。	0～10 分	
任务过程	根据任务实施过程的态度、团队协作、拓展能力和创新能力等方面进行考核	酌情打分	20%
知识的掌握	掌握盒子模型的相关知识	酌情打分	20%
任务完成时间	在规定的时间内完成任务者得满分，每推迟 1 小时扣 5 分	0～20 分	10%

5.2.5　任务小结

本次任务完成了韩创教育咨询网站的页面布局。整个网站页面布局使用了 DIV+CSS 来实现。通过该网站布局的实现，使大家了解到目前对网页制作的要求已不仅仅是视觉效果的美观，更主要的是要符合 Web 标准。传统网页制作是先考虑外观布局再填入内容的，内容与外观交织在一起，代码量大，难以维护。通过教育网站实例的讲解，体现"结构与表现相分离"的重要思想，更重要的是，结合教育网站制作中可能遇到的问题，提供了解决问题的思路、方法、技巧，即使是初学者也可以轻松掌握 DIV+CSS 布局方式，制作出精美的网页并搭建功能强大的网站。

5.3　任务三　教育网站特效添加

5.3.1　任务描述

本次任务主要完成平顶山韩创教育咨询网站的特效的添加，网站的特效采用 JavaScript 技术来实现。通过将特效引入到韩创教育咨询网站中，使得网页的效果更加生动有活力，符合网站浏览者对网站的审美视觉效果。

5.3.2　相关知识

通过对 JavaScript 的讲解和认识,掌握 JavaScript 的基本定义以及语法的含义;掌握 JavaScript 函数、变量和循环的应用,掌握使用 JavaScript 语言进行程序开发所需要的各方面技术,并将 JavaScript 特殊效果应用到教育网站中。

1. 认识 JavaScript

JavaScript 是一种能让你的网页更加生动活泼的程式语言,也是目前网页设计中最容易学又最方便的语言。你可以利用 JavaScript 轻易地做出亲切的欢迎信息、漂亮的数字钟、有广告效果的跑马灯,还可以显示浏览器停留的时间。让这些特殊效果提高网页的可观性。

JavaScript 的正式名称是"ECMAScript"。这个标准由 ECMA 组织发展和维护。ECMA-262 是正式的 JavaScript 标准。这个标准基于 JavaScript（Netscape）和 JScript（Microsoft）。Netscape（Navigator 2.0）的 Brendan Eich 发明了这门语言,从 1996 年开始,已经出现在所有的 Netscape 和 Microsoft 浏览器中。ECMA-262 的开发始于 1996 年,在 1997 年 7 月,ECMA 会员大会采纳了它的首个版本。在 1998 年,该标准成为了国际 ISO 标准（ISO/IEC 16262）。目前,这个标准仍然处于发展之中。

2. JavaScript 脚本的引用

（1）HTML 页面引用 JavaScript 脚本。

```html
<html>
  <body>
   <script type="text/javascript">
    document.write("Hello World!");
   </script>
  </body>
</html>
```

上面的代码会在 HTML 页面中产生这样的输出:

Hello World!

从上述代码中可以看到,如果需要把一段 JavaScript 插入 HTML 页面,需要使用<script> 标签（同时使用 type 属性来定义脚本语言）。这样,<script type="text/javascript">和</script> 就可以通知浏览器 JavaScript 从何处开始,到何处结束。

（2）JavaScript 脚本放置位置。

页面中的脚本会在页面载入浏览器后立即执行。我们并不总希望这样。有时,我们希望当页面载入时执行脚本,而另外的时候,则希望当用户触发事件时才执行脚本。

位于 head 部分的脚本,当脚本被调用时,或者当事件被触发时,脚本就会被执行。当用户把脚本放置到 head 部分后,就可以确保在需要使用脚本之前,它已经被载入了。

```html
<html>
<head>
<script type="text/javascript">
…
</script>
</head>
…
```

位于 body 部分的脚本，在页面载入时脚本就会被执行。当用户把脚本放置于 body 部分后，它就会生成页面的内容。

```
<html>
<head>
</head>


<body>
<script type="text/javascript">
…
</script>
</body>
</html>
```

在 body 和 head 部分的脚本，可以在文档中放置任何数量的脚本，因此既可以把脚本放置到 body，又可以放置到 head 部分。

```
<html>
<head>
<script type="text/javascript">
…
</script>
</head>


<body>
<script type="text/javascript">
…
</script>
</body>
</html>
```

使用外部 JavaScript，在若干个页面中运行 JavaScript，同时不在每个页面中写相同的脚本。为了达到这个目的，可以将 JavaScript 写入一个外部文件之中。然后以.js 为后缀保存这个文件。外部文件不能包含<script>标签。

外部 js 使用的方式是把.js 文件指定给<script>标签中的"src"属性，这样就可以使用这个外部文件了：

```
<html>
<head>
<script src="xxx.js"> … </script>
</head>
<body>
</body>
</html>
```

可以把.js 文件放到网站目录中通常存放脚本的子目录中，这样更容易管理和维护。

（3）JavaScript 语句。

JavaScript 语句是发给浏览器的命令。这些命令的作用是告诉浏览器要做的事情。

```
document.write("Hello World");
```

上面 JavaScript 语句告诉浏览器向网页输出"Hello World"。

通常要在每行语句的结尾加上一个分号。通过使用分号，可以在一行中写多条语句。JavaScript 代码是 JavaScript 语句的序列，浏览器会按照编写顺序依次执行每条语句。

下面看看多语句的示例。本例将向网页输出一个标题和两个段落。

```
<script type="text/javascript">
    document.write("<h1>This is a header</h1>");
    document.write("<p>This is a paragraph</p>");
    document.write("<p>This is another paragraph</p>");
</script>
```

从上面示例可以看出，JavaScript 代码块是由<script>开始，直到</script>作为结束标识。上例的用处不大，仅仅演示了代码块的使用而已。通常，代码块用于在函数或条件语句中。

（4）JavaScript 变量。

① JavaScript 变量名称的规则。

● 变量对大小写敏感（y 和 Y 是两个不同的变量），变量名也对大小写敏感

● 变量必须以字母或下画线开始。

在脚本执行的过程中，可以改变变量的值。可以通过其名称来引用一个变量，以此显示或改变它的值。

② 声明（创建）JavaScript 变量。

在 JavaScript 中创建变量经常被称为"声明"变量。用户可以通过 var 语句来声明 JavaScript 变量。

```
var x;
var carname;
```

在以上声明之后，变量并没有值，不过可以在声明它们时向变量赋值：

```
var x=5;
var carname="Volvo";
```

在为变量赋文本值时，请为该值加引号。

③ 向 JavaScript 变量赋值。

通过赋值语句向 JavaScript 变量赋值。

```
x=5;
carname="Volvo";
```

变量名在"="符号的左边，而需要向变量赋的值在 "=" 的右侧。在以上语句执行后，变量 x 中保存的值是 5，而 carname 的值是 Volvo。

向未声明的 JavaScript 变量赋值，如果所赋值的变量还未进行过声明，该变量会自动声明。

这些语句如下：

```
x=5;
carname="Volvo";
```

与这些语句的效果相同：

```
var x=5;
var carname="Volvo";
```

重新声明 JavaScript 变量会出现什么情况？如果用户再次声明了 JavaScript 变量，该变量也不会丢失其原始值。

```
var x=5;
var x;
```

在以上语句执行后，变量 x 的值仍然是 5。在重新声明该变量时，x 的值不会被重置或清除。

（5）JavaScript 函数。

将脚本编写为函数，就可以避免页面载入时执行该脚本。函数包含着一些代码，这些代码只能被事件激活，或者在函数被调用时才会执行。用户可以在页面中的任何位置调用脚本（如果函数嵌入一个外部的 .js 文件，那么甚至可以从其他的页面中调用）。

函数在页面起始位置定义，即 <head> 部分。代码如下所示，实例源文件位于本书素材文件中的"第 5 章源码\javascript_demo.html"。

```html
<html>
<head>
<title>这是 javascript 函数例子</title>
<script type="text/javascript">
    function displaymessage()
    {
      alert("Hello World!")
    }
</script>
</head>
<body>
<form>
    <input type="button" value="Click me!" onclick="displaymessage()" >
</form>
</body>
</html>
```

上面例子执行效果如图 5-44 所示。

图 5-44　javascript 函数示例图

假如上面的例子中的 alert("Hello World!!")没有被写入函数，那么当页面被载入时它就会执行。现在，当用户击中按钮时，脚本才会执行。现在给按钮添加了 onclick 事件，这样按钮被点击时函数才会执行。

① 函数的定义。

函数是如何定义的，创建函数的语法：

```
function 函数名(var1,var2,...,varX)
  {
  代码...
  }
```

var1, var2 等指的是传入函数的变量或值。{和}定义了函数的开始和结束。

无参数的函数必须在其函数名后加括号：

```
function 函数名()
    {
    代码...
    }
```

要注意，JavaScript 中大小写字母的重要性。"function" 这个词必须是小写的，否则 JavaScript 就会出错。另外需要注意的是，必须使用大小写完全相同的函数名来调用函数。

② return 语句。

return 语句用来规定从函数返回的值。因此，需要返回某个值的函数必须使用这个 return 语句。

下面的函数会返回两个数相乘的值（a 和 b）：

```
function prod(a,b)
{
x=a*b
return x
}
```

当调用上面这个函数时，必须传入两个参数：

product=prod(2,3)，而从 prod()函数的返回值是 6，这个值会存储在名为 product 的变量中。

（6）JavaScript 循环。

在编写代码时，你常常希望反复执行同一段代码。我们可以使用循环来完成这个功能，这样就用不着重复地写若干行相同的代码。

JavaScript 有 3 种循环，for 循环、while 循环和 do...while 循环。在脚本的运行次数已确定的情况下使用 for 循环较为合适。当循环采用条件控制时，建议使用 while 循环或 do while 循环，当指定的条件为 true 时执行循环代码。

① for 循环结构。

语法：

```
for (变量=开始值;变量<=结束值;变量=变量+步进值)
{
    需执行的代码
}
```

下面的例子定义了一个循环程序，这个程序中 i 的起始值为 0。每执行一次循环，i 的值就会累加一次 1，循环会一直运行下去，直到 i 等于 10 为止。步进值可以为负。如果步进值为负，需要调整 for 声明中的比较运算符。代码如下所示，实例源文件位于本书素材文件中的"第 5 章源码\javascript_for.html"。

```
<html>
<head>
<title>JavaScript 中 for 循环例子</title>
</head>
<body>
  <script type="text/javascript">
    var i=0
    for (i=0;i<=10;i++)
    {
      document.write("The number is " + i)
      document.write("<br />")
    }
</script>
</body>
</html>
```

程序运行结果如图 5-45 所示。

图 5-45　for 循环示例图

② while 循环结构。

while 循环用于在指定条件为 true 时执行循环代码。

语法：

```
while (变量<=结束值)
{
    需执行的代码
}
```

除了使用 "<="，还可以使用其他的比较运算符。

下面的例子定义了一个循环程序，这个循环程序的参数 i 的起始值为 0。该程序会反复运行，直到 i 大于 10 为止。i 的步进值为 1。代码如下所示，实例源文件位于本书素材文件中的"第 5

章源码\javascript_while.html”。

```
<html>
<head>
<title>JavaScript 中 while 循环例子</title>
</head>
<body>
<script type="text/javascript">
var i=0
while (i<=10)
{
document.write("The number is " + i)
document.write("<br />")
i=i+1
}
</script>
</body>
</html>
```

程序运行结果如图 5-46 所示。

图 5-46　while 循环示例图

③ do...while 循环。

do...while 循环是 while 循环的变种。该循环程序在初次运行时会首先执行一遍其中的代码，当指定的条件为 true 时，它会继续这个循环。所以可以这么说，do...while 循环为执行至少一遍其中的代码，即使条件为 false，因为其中的代码执行后才会进行条件验证。

语法：

```
do
{
    需执行的代码
}
while (变量<=结束值)
```

下面对 do...while 循环进行演示，代码如下所示，实例源文件位于本书素材文件中的“第 5 章源码\javascript_do_while.html”。

```
<html>
<body>
<script type="text/javascript">
var i=0
do
{
document.write("The number is " + i)
document.write("<br />")
i=i+1
}
while (i<0)
</script>
</body>
</html>
```

程序运行结果如图 5-47 所示。

图 5-47　do while 循环示例图

本段代码中的条件虽然不成立，但是还是要先执行一次循环，然后判断条件是否满足，如果满足，将继续执行循环，否则退出循环。

5.3.3　任务实施

1. 添加教育网站特效

在这个网站中需要添加 3 个地方的 JS 特效，分别是滑动门特效、图片轮显特效、图片滚动特效。

（1）滑动门特效。

滑动门特效如图 5-48 所示。

公司新闻	新闻动态	更多>>
· 杨明国老师在雅虎做营销培训		2010-04-28
· 杨明国老师在雅虎做营销培训		2010-04-28
· 杨明国老师在雅虎做营销培训		2010-04-28
· 杨明国老师在雅虎做营销培训		2010-04-28
· 杨明国老师在雅虎做营销培训		2010-04-28
· 杨明国老师在雅虎做营销培训		2010-04-28
· 杨明国老师在雅虎做营销培训		2010-04-28
· 杨明国老师在雅虎做营销培训		2010-04-28

图 5-48　滑动门特效

主要 JS 代码如下:

```
$(function(){
    $('#aboutAndNews dt.about').hover(function(){
        $('#aboutAndNews dd').hide();
        $('#aboutAndNews dd.about').show();
        $('#aboutAndNews dt.about').addClass('hover');
        $('#aboutAndNews dt.news').removeClass('hover');

        var cur_url = $('#aboutAndNews dt.about a').attr('href');
        $('#aboutAndNews #more').attr('href',cur_url);
    },function(){});
    $('#aboutAndNews dt.news').hover(function(){
        $('#aboutAndNews dd').hide();
        $('#aboutAndNews dd.news').show();
        $('#aboutAndNews dt.about').removeClass('hover');
        $('#aboutAndNews dt.news').addClass('hover');
        var cur_url = $('#aboutAndNews dt.news a').attr('href');
        $('#aboutAndNews #more').attr('href',cur_url);
    },function(){});
});
$(function(){
    $('#aboutAndNews1 dt.about1').hover(function(){
        $('#aboutAndNews1 dd').hide();
        $('#aboutAndNews1 dd.about1').show();

        $('#aboutAndNews1 dt.about1').addClass('hover');
        $('#aboutAndNews1 dt.news1').removeClass('hover');

        var cur_url = $('#aboutAndNews1 dt.about1 a').attr('href');
        $('#aboutAndNews1 #more').attr('href',cur_url);
    },function(){});
    $('#aboutAndNews1 dt.news1').hover(function(){
        $('#aboutAndNews1 dd').hide();
        $('#aboutAndNews1 dd.news1').show();

        $('#aboutAndNews1 dt.about1').removeClass('hover');
        $('#aboutAndNews1 dt.news1').addClass('hover');
        var cur_url = $('#aboutAndNews1 dt.news1 a').attr('href');
        $('#aboutAndNews1 #more').attr('href',cur_url);
    },function(){});
});
```

（2）图片轮显特效。

图片轮显特效如图 5-49 所示。

图 5-49　图片轮显特效

主要 JS 代码：

```
<script>
var PImgPlayer = {
     _timer : null,
     _items : [],
     _container : null,
     _index : 0,
     _imgs : [],
     intervalTime : 4000,   //轮播间隔时间
     init : function( objID, w, h, time ){
          this.intervalTime = time || this.intervalTime;
          this._container = document.getElementById( objID );
          this._container.style.display = "block";
          this._container.style.width = w + "px";
          this._container.style.height = h + "px";
          this._container.style.position = "relative";
          this._container.style.overflow = "hidden";
          //this._container.style.border = "1px solid #fff";
          var linkStyle = "display: block; TEXT-DECORATION: none;";
          if( document.all ){
               linkStyle += "FILTER:";
                linkStyle += "progid:DXImageTransform.Microsoft.Barn(duration=0.5,
motion='out', orientation='vertical') ";
               linkStyle += "progid:DXImageTransform.Microsoft.Barn ( duration=0.5,
motion='out',orientation='horizontal') ";
               linkStyle += "progid:DXImageTransform.Microsoft.Blinds ( duration=0.5,
bands=10,Direction='down' )";
               linkStyle += "progid:DXImageTransform.Microsoft.CheckerBoard()";
               linkStyle += "progid:DXImageTransform.Microsoft.Fade(duration=0.5,
overlap=0)";
               linkStyle += "progid:DXImageTransform.Microsoft.GradientWipe ( duration=1,
gradientSize=1.0,motion='reverse' )";
               linkStyle += "progid:DXImageTransform.Microsoft.Inset ()";
               linkStyle += "progid:DXImageTransform.Microsoft.Iris ( duration=1,
irisStyle=PLUS,motion=out )";
               linkStyle += "progid:DXImageTransform.Microsoft.Iris ( duration=1,
irisStyle=PLUS,motion=in )";
```

```
                     linkStyle += "progid:DXImageTransform.Microsoft.Iris ( duration=1,
irisStyle=DIAMOND,motion=in )";
                     linkStyle += "progid:DXImageTransform.Microsoft.Iris ( duration=1,
irisStyle=SQUARE,motion=in )";
                     linkStyle += "progid:DXImageTransform.Microsoft.Iris ( duration=0.5,
irisStyle=STAR,motion=in )";
                     linkStyle += "progid:DXImageTransform.Microsoft.RadialWipe ( duration=0.5,
wipeStyle=CLOCK )";
                     linkStyle += "progid:DXImageTransform.Microsoft.RadialWipe ( duration=0.5,
wipeStyle=WEDGE )";
                     linkStyle += "progid:DXImageTransform.Microsoft.RandomBars ( duration=0.5,
orientation=horizontal )";
                     linkStyle += "progid:DXImageTransform.Microsoft.RandomBars ( duration=0.5,
orientation=vertical )";
                     linkStyle += "progid:DXImageTransform.Microsoft.RandomDissolve ()";
                     linkStyle += "progid:DXImageTransform.Microsoft.Spiral ( duration=0.5,
gridSizeX=16,gridSizeY=16 )";
                     linkStyle += "progid:DXImageTransform.Microsoft.Stretch ( duration=0.5,
stretchStyle=PUSH )";
                     linkStyle += "progid:DXImageTransform.Microsoft.Strips ( duration=0.5,
motion=rightdown )";
                     linkStyle += "progid:DXImageTransform.Microsoft.Wheel ( duration=0.5,
spokes=8 )";
                     linkStyle += "progid:DXImageTransform.Microsoft.Zigzag ( duration=0.5,
gridSizeX=4,gridSizeY=40 ); width: 100%; height: 100%";
                 }
                 var ulStyle = "margin:0;width:"+w+"px;position:absolute;z-index:999;
    right:5px;FILTER:Alpha(Opacity=30,FinishOpacity=90, Style=1);overflow: hidden;bottom:
-1px;height:16px; border-right:1px solid #fff;";
                 var liStyle = "margin:0;list-style-type: none; margin:0;padding:0; float:right;";
                 var baseSpacStyle = "clear:both; display:block; width:23px;line-height:
18px; font-size:12px; FONT-FAMILY:'宋体';opacity: 0.6;";
                 baseSpacStyle += "border:1px solid #fff;border-right:0;border-bottom:0;";
                 baseSpacStyle += "color:#fff;text-align:center; cursor:pointer; ";
                 //
                 var ulHTML = "";
                 for(var i = this._items.length -1; i >= 0; i--){
                     var spanStyle = "";
                     if( i==this._index ){
                         spanStyle = baseSpacStyle + "background:#ff0000;";
                     } else {
                         spanStyle = baseSpacStyle + "background:#000;";
                     }
                     ulHTML += "<li style=\""+liStyle+"\">";
                     ulHTML += "<span onmouseover=\"PImgPlayer.mouseOver(this);\" onmouseout=
\"PImgPlayer.mouseOut(this);\" style=\""+spanStyle+"\" onclick=\"PImgPlayer.play("+i+");
return false;\" herf=\"javascript:;\" title=\"" + this._items[i].title + "\">" + (i+1) +
"</span>";
                     ulHTML += "</li>";
                 }
                 var html = "<a href=\""+this._items[this._index].link+"\" title=\""+this._items
[this._index].title+"\" target=\"_blank\" style=\""+linkStyle+"\"></a><ul style=\""+ulStyle+
"\">"+ulHTML+"</ul>";
```

```
            this._container.innerHTML = html;
            var link = this._container.getElementsByTagName("A")[0];
            link.style.width = w + "px";
            link.style.height = h + "px";
            link.style.background = 'url(' + this._items[0].img + ') no-repeat center
center';
            //
            this._timer = setInterval( "PImgPlayer.play()", this.intervalTime );
        },
        addItem : function( _title, _link, _imgURL ){
            this._items.push ( {title:_title, link:_link, img:_imgURL } );
            var img = new Image();
            img.src = _imgURL;
            this._imgs.push( img );
        },
        play : function( index ){
            if( index!=null ){
                this._index = index;
                clearInterval( this._timer );
                this._timer = setInterval( "PImgPlayer.play()", this.intervalTime );
            } else {
                this._index = this._index<this._items.length-1 ? this._index+1 : 0;
            }
            var link = this._container.getElementsByTagName("A")[0];
            if(link.filters){
                var ren = Math.floor(Math.random()*(link.filters.length));
                link.filters[ren].Apply();
                link.filters[ren].play();
            }
            link.href = this._items[this._index].link;
            link.title = this._items[this._index].title;
            link.style.background = 'url(' + this._items[this._index].img + ') no-repeat
center center';
            var liStyle = "margin:0;list-style-type: none; margin:0;padding:0; float:right;";
            var baseSpacStyle = "clear:both; display:block; width:23px;line-height:
18px; font-size:12px; FONT-FAMILY:'宋体'; opacity: 0.6;";
            baseSpacStyle += "border:1px solid #fff;border-right:0;border-bottom:0;";
            baseSpacStyle += "color:#fff;text-align:center; cursor:pointer; ";
            var ulHTML = "";
            for(var i = this._items.length -1; i >= 0; i--){
                var spanStyle = "";
                if( i==this._index ){
                    spanStyle = baseSpacStyle + "background:#ff0000;";
                } else {
                    spanStyle = baseSpacStyle + "background:#000;";
                }
                ulHTML += "<li style=\""+liStyle+"\">";
                ulHTML += "<span onmouseover=\"PImgPlayer.mouseOver(this);\" onmouseout=
\"PImgPlayer.mouseOut(this);\" style=\""+spanStyle+"\" onclick=\"PImgPlayer.play("+i+");
return false;\" herf=\"javascript:;\" title=\"" + this._items[i].title + "\">" + (i+1) +
"</span>";
                ulHTML += "</li>";
            }
```

```
                this._container.getElementsByTagName("UL")[0].innerHTML = ulHTML;
    },
    mouseOver : function(obj){
            var i = parseInt( obj.innerHTML );
            if( this._index!=i-1){
                    obj.style.color = "#ff0000";
            }
    },
    mouseOut : function(obj){
            obj.style.color = "#fff";
    }
}
</script>
<div id="imgADplayer"><script type="text/javascript">
PImgPlayer.addItem( "平顶山韩创教育有限公司", "#", "images/lunxian1.gif");
PImgPlayer.addItem( "平顶山韩创教育有限公司", "#", "images/lunxian1.gif");
PImgPlayer.addItem( "平顶山韩创教育有限公司", "#", "images/lunxian1.gif");
PImgPlayer.addItem( "平顶山韩创教育有限公司", "#", "images/lunxian1.gif");
PImgPlayer.init( "imgADplayer", 235, 172);
 </script>
```

（3）图片滚动特效。

图片连续滚动，具体效果如图 5-50 所示。

图 5-50　图片滚动特效

图片滚动特效主要 JS 特效：

```
<script>
//使用 div 时，请保证 colee_left2 与 colee_left1 是在同一行上.
var speed=20//速度数值越大速度越慢
var colee_left2=document.getElementById("colee_left2");
var colee_left1=document.getElementById("colee_left1");
var colee_left=document.getElementById("colee_left");
colee_left2.innerHTML=colee_left1.innerHTML
function Marquee3(){
if(colee_left2.offsetWidth-colee_left.scrollLeft<=0)//offsetWidth 是对象的可见宽度
colee_left.scrollLeft-=colee_left1.offsetWidth//scrollWidth 是对象的实际内容的宽,不包边线宽度
else{
colee_left.scrollLeft++
}
}
var MyMar3=setInterval(Marquee3,speed)
colee_left.onmouseover=function() {clearInterval(MyMar3)}
colee_left.onmouseout=function() {MyMar3=setInterval(Marquee3,speed)}
</script>
```

5.3.4　任务评价

本任务的考核是通过平顶山韩创教育咨询网站的特效完成情况为最终考核，考核的主要内容是 JavaScript 基本知识的掌握及使用 JavaScript 方法完成对页面的特效添加。表 5-11 所示为本任务考核标准。

表 5-11　　　　　　　　　　　　本任务考核标准

评分项目	评分标准	分值	比例
任务结果	熟练掌握网站滑动门特效的制作	0~20 分	50%
	熟练掌握图片轮显特效的制作	0~20 分	
	熟练掌握图片滚动特效的制作	0~10 分	
任务过程	根据任务实施过程的态度、团队协作、拓展能力和创新能力等方面进行考核	酌情打分	20%
知识的掌握	（1）掌握 JavaScript 的引用 （2）掌握 JavaScript 的语句及变量的使用 （3）掌握 JavaScript 函数的使用	酌情打分	20%
任务完成时间	在规定的时间内完成任务者得满分，每推迟 1 小时扣 5 分	0~20 分	10%

5.3.5　任务小结

本次任务完成了韩创教育咨询网站的特效添加。通过对教育网站实例特效添加，使开发人员了解到 JavaScript 是 Web 开发中的一种脚本编程语言，也是一种通用的、跨平台的、基于对象和事件驱动并具有安全性的脚本语言。它不需要进行编译，而是直接嵌入在 HTML 页面中，把静态页面转变成支持用户交互并响应相应事件的动态页面。利用本任务所学知识与 DIV+CSS 相结合，使韩创教育咨询网站的页面更具有时代气息。

5.4　拓展实训：企业网站添加网页特效

5.4.1　任务描述

利用 DIV+CSS 样式表及 JavaScrip 脚本完成对"平顶山华通胶辊有限公司"企业网站网页的发布及网页特效的添加。

5.4.2　实训目的

通过平顶山华通胶辊有限公司企业网站的制作，进一步强化对 CSS 样式制作及引用，同时强化使用 DIV+CSS 对页面进行布局，采用 JavaScript 来完成网站特效的处理，通过完善这些方面的操作，达到网站设计商业化标准，符合商业化要求。

5.4.3　实训任务

本实训的任务包括如下 3 个。

（1）使用 DIV 对模板页面进行合理分块，要求分块的宗旨是方便页面布局和调用。

（2）在进行 CSS 样式设计的时候要尽可能满足 DIV 分块的要求，以达到页面显业效果符合企业网站的要求。

（3）合理使用 JavaScript 等脚本语言，满足企业网站动态效果的需求。

完成后的效果如图 5-51～图 5-53 所示。

图 5-51　企业网站主页效果图

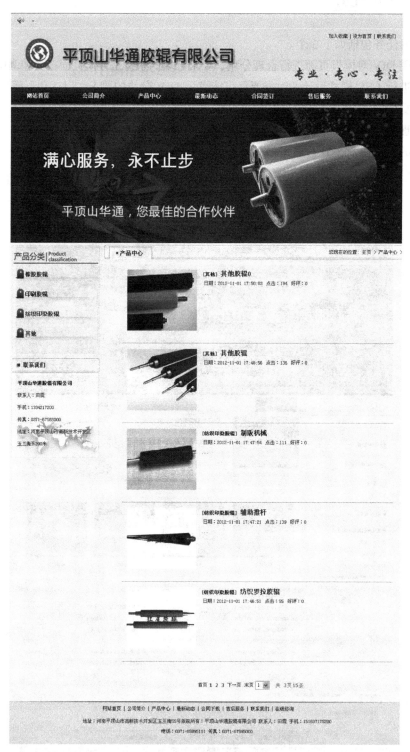

图 5-52　企业网站列表页效果图

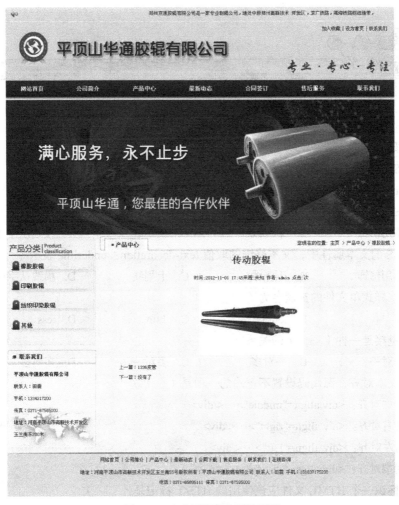

图 5-53　企业网站内容页效果图

5.4.4　实训考核

本实训的考核是通过平顶山华通胶辊有限公司网站的页面效果完成结果为最终考核。表 5-12 所示为本任务考核标准。

表 5-12　　　　　　　　　　　本实训考核标准

评分项目	评分标准	分值	比例
任务结果	熟练掌握企业网站 CSS 样式设计	0～20 分	50%
	熟练掌握利用 DIV+CSS 对企业商站进行布局	0～20 分	
	熟练掌握企业网站特效的制作	0～10 分	
任务过程	根据任务实施过程的态度、团队协作、拓展能力和创新能力等方面进行考核	酌情打分	20%
知识的掌握	（1）掌握 CSS 样式相关知识 （2）掌握 JavaScript 相关知识	酌情打分	20%
任务完成时间	在规定的时间内完成任务者得满分，每推迟 1 小时扣 5 分	0～20 分	10%

习题

一、选择题

1. 在 CSS 中使用背景图片需要使用参数（　　　）。

    A. image   B. url   C. style   D. embed

2. 在 CSS 的文本属性中，文本修饰的取值 text-decoration：overline 表示（　　　）。

    A. 不用修饰   B. 下画线   C. 上划线   D. 横线从字中间穿过

3. 在 CSS 的文本属性中，文本修饰的取值 text-decoration：underline 表示（　　　）。

    A. 不用修饰   B. 下画线   C. 上划线   D. 横线从字中间穿过

4. 外部式样式单文件的扩展名为（　　　）。

    A. .js   B. .dom   C. .htm   D. .css

5. 超级链接是一种（　　　）的关系。

    A. 一对一   B. 一对多   C. 多对一   D. 多对多

6. 关于文本对齐，源代码设置不正确的一项是（　　　）。

    A. 居中对齐：<div align="middle">…</div>

    B. 居右对齐：<div align="right">…</div>

    C. 居左对齐：<div align="left">…</div>

    D. 两端对齐：<div align="justify">…</div>

7. 为了标识一个 HTML 文件应该使用的 HTML 标记是（　　　）。

    A. <p> </p>   B. <boby> </body>

    C. <html> </html>   D. <table> </table>

8. 下面不属于 CSS 插入形式的是（　　　）。

    A. 索引式   B. 内联式   C. 嵌入式   D. 外部式

9. 在网页设计中，（　　　）是所有页面中的重中之重，是一个网站的灵魂所在。

    A. 引导页   B. 脚本页面   C. 导航栏   D. 主页面

10. HTML 语言中，<body alink=?>表示（　　　）。

    A. 设置背景颜色

    B. 设置被激活时的链接的颜色

    C. 设置未访问的链接的颜色

    D. 设置已访问过的链接的颜色

二、简答题

1. 请写出图 5-54 所示网页的完整 HTML 代码及 CSS 样式。

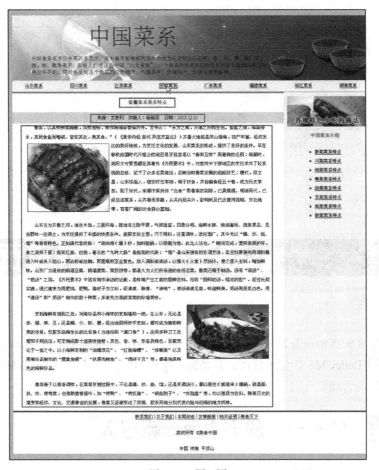

图 5-54　题 1 图

第**6**章

教育网站动态页面制作

本章主要完成的任务是将平顶山韩创教育咨询网站的静态页面模板导入 DedeCMS 环境，掌握 DedeCMS 标记的使用，并将标记应用到教育网站设计中；掌握韩创教育网站后台模块的管理及应用，并利用教育网站管理平台填加网站内容。

6.1 任务一 静态页面模板导入

6.1.1 任务描述

本次任务主要完成平顶山韩创教育咨询网站的静态页面模板导入 DedeCMS 环境，并为后面的任务做好准备工作。在导入平顶山韩创教育咨询网站的静态页面模板之前，先要下载和安装 DedeCMS 安装包，然后配置好相应的环境及数据库。

6.1.2 任务实施

1. DedeCMS 的安装和环境配置

在前面我们已经介绍了 phpStudy 的安装，现在只需要将 dedecms 安装包放到 PHP 环境下进行安装即可。

（1）DedeCMS 下载。

首先进入织梦的官方网站（www.dedecms.com），如图 6-1 所示。

下载最新版本的 DedeCMS 安装包，如图 6-2 所示点击下载。

织梦官方提供两种编码的安装包，分别是 DedeCMS5.7（utf-8 版本）和 DedeCMS5.7（gbk 版本）。由于公司做的网站都是面向国内的用户，所以一般采用 DedeCMS5.7（gbk 版本），如图 6-3 所示，下载 DedeCMS5.7（gbk 版本）。

图 6-1 织梦官网首页

图 6-2 DedeCMS 安装包下载

图 6-3 DedeCMS5.7（gbk 版）

下载的通常是一个压缩包，将其解压，然后将 upload 文件夹中的文件(注意是文件中，而不是文件夹)上传到网站的根目录中。然后可以通过在浏览器中输入安装向导的网址开始进行 DedeCMS 的安装，在安装完成之后就可以看到我们的站点了。

这里，对系统环境做一个简单的说明，DedeCMS 是基于 PHP 和 MySQL 技术开发的，可以同时使用在 Windows、Linux、UNIX 平台，其具体环境如下。

Windows 平台 IIS/Apache + PHP4/PHP5 + MySQL3/4/5 如果在 Windows 环境中使用，建议用 DedeCms 提供的 DedeAMPZ 套件以达到最佳使用性能。

Linux/Unix 平台 Apache + PHP4/PHP5 + MySQL3/4/5（PHP 必须在非安全模式下运行）建议使用平台 Linux + Apache2.2 + PHP5.2 + MySQL5.0。

（2）DedeCMS 安装。

在浏览器中打开 http://localhost/install/index.php（本地安装），如果已安装了 phpStudy 环境则双击桌面图标 或者在电脑任务栏的右下角也会出现这个图标，然后单击这个图标弹出如图 6-4 所示的菜单。

图 6-4　phpStudy 启动程序

① 启动安装页面。

点击 My HomePage 与在浏览器中打开 http://localhost/install/index.php 就能进行安装。开始进行安装，选中"我已经阅读并同意此协议"，单击"继续"，如图 6-5 所示。这里系统跳转到环境检测页面。

图 6-5　DedeCMS 安装许可协议

② 检测安装环境。

选择 PHP 必需的环境或启用的系统函数：allow_url_fopen[√]、GD 扩展库[√]、MySQL 扩展库[√]、系统函数(phpinfo、dir)[√]。如果环境检测全部正确，单击"继续"进入"参数配置"，如图 6-6 所示。

图 6-6　系统参数选项

③ 数据库、管理员及网站设定。

首先配置"数据库设定"部分的参数，这里涉及"数据库主机"、"数据库名称"、"数据库用户"、"数据库密码"、"数据表前缀"、"数据库编码"等几个方面。

如果使用的是虚拟主机或者合租服务器，一般空间商都会提供相关的数据，如果是自己配置服务器或者本地测试，一般在环境架设时候会有相关的信息提示，如图 6-7 所示。

以韩创教育网站为例，因为 Apache 和 MySQL 共同安装在本地计算机上，所以数据库主机地址为"localhost"，在这里将数据库名称设置为"jiaoyu"(数据库名称可以自定义)，数据库用户名为"root"、密码为 root 数据库默认密码"jiaoyu"，表前缀为"dede_"。

数据表前缀是为了方便一个数据库中存放多个程序的数据库，如一个数据库需要安装两个DedeCMS 系统，第 1 个系统数据表前缀可以设置为"dedea_"，第 2 个数据表可以设置为"dedeb_"，因为表前缀不同，数据表在数据库中存在的表名也不相同，如第 1 个系统的管理员账号存放的数据表则为"dedea_admin"，第 2 个数据表名为"dedeb_admin"，这样这两个系统的数据库就可以共存在一个 Mysql 数据库中。

网站设置中需要注意的是填写"网站网址"和"CMS 安装目录",当"CMS 安装目录"安装在网站根目录时不需要去理会它,如果安装在根目录下的某个文件夹里时,则需要进行相关的设置(程序会自动检测)。

图 6-7 系统设置

④ 安装完毕。

在输入数据库、管理员及网站的相关信息后,单击"继续"按钮,完成 DedeCMS 的安装,至此,DedeCMS 安装完毕,如图 6-8 所示。

(3)DedeCMS 启动。

完成安装后,单击"访问网站首页"。这是初次安装好的网站首页,显示为已经启动的页面,如图 6-9 所示。

图 6-8　安装成功

图 6-9　安装好的首页

（4）超级管理员登录。

点击[登录网站后台]，网址自动转向 http:// localhost /dede/login.php，输入安装时候填写的管理员用户名和密码，以超级管理员身份登录系统，如图 6-10 所示。

系统默认管理路径是 dede，登录管理后台可以通过地址 http:// localhost /dede/login.php 进行访问，但是为了确保系统的安全，建议在安装完成之后修改后台的管理路径，例如，jiaoyu，这样就可以通过 http:// localhost /jiaoyu/login.php 登录，其他人就不容易猜到网站后台地址。

图 6-10　后台登录页面

登录成功后进入到后台管理页面，系统主页如图 6-11 所示。

图 6-11　后台系统主页

2．静态页面模板导入

当将静态页面导入 DedeCMS 环境时，要按 DedeCMS 要求存入的地点和文件内容进行存放，操作步骤如下。

（1）导入 HTML 文件。

在进行静态页面模板导入时，可以先将所有创建的 HTML 文件复制到 www\templets\default

文件夹下。需要注意的是，所生成的 HTML 页面都是以后缀名.html 结尾的，当添加到织梦目录下时需要更改一下后缀名，即将.html 改成以.htm 结尾的页面。文件存放位置如图 6-12 所示。

图 6-12　HTML 文件存放位置图

（2）导入图片文件。

将静态页面所用到的图片存放到织梦安装的根目录下 www\templets\default\images 文件夹下，这个文件夹中除了 DedeCMS 存放的一些图片之外，还存放用户要填加的图片。存入位置如图 6-13 所示。

图 6-13　图片文件存放位置图

（3）导入 JavaScript 文件。

将静态页面所用到的 JS 特效文件放在 www\templets\default\js 文件夹下，这个文件夹中不但存放有系统本身自带的脚本文件，还可以存放用户自定义的脚本，存入位置如图 6-14 所示。

图 6-14　脚本文件存放位置图

（4）导入 CSS 样式文件。

将静态页面所用到的 CSS 样式文件放在 www\templets\default\style 文件夹下，该文件夹下既可以存放系统的 CSS 样式文件，还可以存放用户自定义的 CSS 样式文件，存入位置如图 6-15 所示。

图 6-15　样式文件存放位置图

操作执行到此，所有静态页面模板文件已经导入 DedeCMS 环境了，接下来的工作就是开始调用织梦标记了。

6.1.3　任务评价

本任务的考核是通过平顶山韩创教育咨询网站的静态页面模板导入情况结果为最终考核，考核的主要内容是掌握 DedeCMS 的下载和安装，按照静态模板导入的步骤完成相应部分的导入工作。表 6-1 所示为本任务考核标准。

表 6-1　　　　　　　　　　　　　　　　本任务考核标准

评 分 项 目	评 分 标 准	分 值	比 例
任务结果	熟练掌握 DedeCMS 的下载及安装过程	0~20 分	50%
	熟练掌握 DedeCMS 的环境搭配	0~20 分	
	熟练掌握静态页面模板的导入方法及步骤	0~10 分	
任务过程	根据任务实施过程的态度、团队协作、拓展能力和创新能力等方面进行考核	酌情打分	20%
知识的掌握	系统应用及数据库应用综合知识	酌情打分	20%
任务完成时间	在规定的时间内完成任务者得满分，每推迟 1 小时扣 5 分	0~20 分	10%

6.1.4　任务小结

本次任务要求在掌握 DedeCMS 的相应环境配置之后，完成平顶山韩创教育咨询网站的静态页面模板的导入工作。

在完成该任务的同时要掌握 DedeCMS 的下载及安装过程，并能根据具体项目要求下载安装相应的程序；在安装过程中正确配置所需要的环境、设置系统管理员的权限及创建好数据库访问的用户名及密码。

6.2　任务二　DedeCMS 标记的使用

6.2.1　任务描述

本次主要任务是调用 DedeCMS 的标记完成平顶山韩创教育咨询网站页面的动态调用。在完成该任务的过程中掌握 DedeCMS 标记的应用，掌握使用织梦标记调用的方法。

6.2.2　相关知识

在了解 DedeCms 的模板代码之前，了解一下织梦模板引擎的知识是非常有意义的。织梦模板引擎是一种使用 XML 名字空间形式的模板解析器，使用织梦解析器解析模板的最大好处是可以轻松地制定标记的属性，感觉就像在用 HTML 一样，使模板代码十分直观灵活，新版的织梦模板引擎不单能实现模板的解析还能分析模板里错误的标记。织梦模板引擎的代码样式有如下几种形式：

```
{dede:标记名称 属性='值'/}
```

```
{dede:标记名称 属性='值'}{/dede:标记名称}
{dede:标记名称 属性='值'}自定义样式模板(InnerText){/dede:标记名称}
```

如果使用带底层模板的标记,必须严格用{dede:标记名称 属性='值'}{/dede:标记名称} 这种格式，否则会报错。

1．初识标记

（1）adminname 标记。

只用于内容模板，以获取责任编辑名称。

基本语法

```
{dede:adminname /}
```

（2）arclist 标记。

这个标记是 DedeCMS 最常用的一个标记，也叫自由列表标记。

功能说明　全局标记,获取指定文档列表。

适用范围　封面模板、列表模板、文档模板。

基本语法

```
{dede:arclist typeid='' row='' col='' titlelen='' infolen='' imgwidth='' imgheight=''
listtype='' orderby='' keyword=''}
    底层模板(InnerText)
{/dede:arclist}
```

属性说明

[1] typeid=" 表示栏目 ID，在列表模板和档案模板中一般不需要指定，在封面模板中允许用 "," 分开表示多个栏目。

[2] row=" 表示返回文档列表总数。

[3] col=" 表示分多少列显示（默认为单列）。

[4] titlelen=" 表示标题长度。

[5] infolen=" 表示内容简介长度。

[6] imgwidth=" 表示缩略图宽度。

[7] imgheight=" 表示缩略图高度。

[8] type=" 表示档案类型，其中空值、不使用这个属性或 type='all'时为普通文档。

当 type='commend'时，表示推荐文档，等同于 {dede:coolart}{/dede:coolart}；

当 type='image'时，表示必须含有缩略图片的文档，等同于{dede:imglist}{/dede:imglist}、{dede:imginfolist}{/dede:imginfolist}；

当 type='spec'时，表示专题，等同于标记{dede:specart}{/dede:specart}；

以上属性值可以联合使用，如 type='commend　image' 表示推荐的图片文档。

[9] orderby=" 表示排序方式，默认值是 senddate 按发布时间排列。

当 orderby='hot' 或 orderby='click' 表示按点击数排列。

当 orderby='pubdate'，按出版时间排列（即是前台允许更改的时间值）。

当 orderby='sortrank'，按文章的新排序级别排序（如果你想使用置顶文章则使用这个属性）。

当 orderby='id'，按文章 ID 排序。

当 orderby='postnum'，按文章评论次数排序当 orderby='rand'，随机获得指定条件的文档列表。

[10] orderway=''，值为 desc 或 asc，指定排序方式是降序还是顺向排序，默认为降序。

[11] keyword=''，表示含有指定关键字的文档列表，多个关键字用","分开。

[12] channelid=''，表示特定的频道模型 ID，内置的频道：专题(-1)、文章(1)、图集(2)、Flash(4)、软件(3)。

[13] limit='起始,结束'，表示限定的记录范围，row 属性必须等于"结束 - 起始"，mysql 的 limit 语句是由 0 起始的，如"limit 0,5"表示的是取前五笔记录，"limit 5,5"表示由第 5 笔记录起，取下 5 笔记录，使用了本属性后，row 属性将无效。

[14] att='数值'，表示自定义属性值。

[15] subday='天数'，表示在多少天以内的文档，通常用于获取指定天数的热门文档、推荐文档、热门评论文档等。

[16] partsort='排列位数'，表示自动获得父栏目的所有子数中排列在第几位的栏目 ID，标记为 {dede:autolist}{/dede:autolist} 时，使用本属性才有效。

底层模板字段：

ID(同 id),title,iscommend,color,typeid,ismake,description(同 info),writer,shorttitle,memberid pubdate,senddate,arcrank,click,litpic(同 picname),typedir,typename,

arcurl(同 filename),typeurl,stime(pubdate 的"0000-00-00"格式),

textlink,typelink,imglink,image

其中：

```
textlink = <a href='arcurl'>title</a>
typelink = <a href='typeurl'>typename</a>
imglink  = <a  href='arcurl'><img  src='picname'  border='0'  width='imgwidth'
height='imgheight'></a>
image = <img src='picname' border='0' width='imgwidth' height='imgheight'>
```

字段调用方法：[field:varname/]

例：

```
{dede:arclist infolen='100'}
[field:textlink/]
<br>
[field:info/]
<br>
{/dede:arclist}
```

底层模板里的 Field 实现也是织梦标记的一种形式，因此支持使用 PHP 语法、Function 扩展等功能。

例给当天发布的内容加上（new）标志。

```
[field:senddate runphp='yes']
$ntime = time();
$oneday = 3600 * 24;
if(($ntime - @me)<$oneday) @me = "<font color='red'>(new)</font>";
else @me = "";
[/field:senddate]
```

（3）Arclistsg 标记。

功能说明　单表独立模型的文档列表调用标记。

适用范围　仅内容模板 article_*.htm。

基本语法

```
{dede:arclistsg flag='h' typeid='' row='' col='' titlelen='' orderway='' keyword=''
limit='0,1'}
  <a href='[field:arcurl/]'>[field:title/]</a>
{/dede:arclistsg}
```

属性说明

[1]col='',分多少列显示（默认为单列），5.3 版中本属性无效，要多列显示的可用 div+css 实现。

[2]row='10',返回文档列表总数。

[3]typeid='',栏目 ID,在列表模板和档案模板中一般不需要指定,在封面模板中允许用","分开表示多个栏目。

[4]titlelen = '30',标题长度　等同于 titlelength。

[5]orderwey='desc'或'asc',排序方向。

[6]keyword= 含有指定关键字的文档列表,多个关键字用","分隔。

[7]innertext = "[field:title/]",单条记录样式(innertext 是放在标签之间的代码)。

[8]arcid='',指定文档 ID。

[9]idlist ='',提取特定文档（文档 ID）。

[10]channelid = '',频道 ID。

[11]limit='',起始、结束,表示限定的记录范围（如 limit='1,2'）。

[12]flag = 'h',自定义属性值:头条[h]推荐[c]图片[p]幻灯[f]滚动[s]跳转[j]图文[a]加粗[b]。

[13]subday='天数',表示在多少天以内的文档。

（4）Ask 标记。

功能说明　用于获取最新的问答的主题。

适用范围　非扩展模块所有模板。

基本语法

```
{dede:ask row='6' qtype='new' tid='0' titlelen='24'}底层模板{/dede:ask}
```

属性说明

[1] row　记录条数。

[2] qtype= 'new'默认为新回复问题。

当 qtype='commend'表示推荐问题。

当 qtype='ok'表示已解决问题。

当 qtype='high'表示高分问题。

[3] tid:栏目 id,默认是全部。

[4] titlelen:标题长度。

底层模板

```
<dd>
<span class="tclass">[<a href='[field:typeurl/]'>[field:tidname/]</a>]</span>
<span class="tlink"><a href="[field:url/]">[field:title/]</a></span>
</dd>
[field:typeurl/] 栏目网址 [field:tidname/] 栏目名称
```

```
[field:url/] 问题网址 [field:title/] 问题标题 [field:id/] 问题 id
```

（5）Autochannel 标记。

功能说明　表示指定排序位置的单个栏目的链接。

适用范围　封面模板、列表模板、文档模板。

基本语法

```
{dede:autochannel partsort='' typeid=''}{/dede:autochannel}
```

属性说明

partsort:栏目所在的排序位置。

typeid:获取单个栏目的顶级栏目。

（6）Bookcontentlist 标记。

标签名称　bookcontentlist。

功能说明　连载图书最新内容调用。

适用范围　全局使用。

基本语法

```
{dede:bookcontentlist row='12' booktype='-1' orderby='lastpost' author='' keyword=''}
<table width="100%" border="0" cellspacing="2" cellpadding="2">
<tr>
<td width='40%'>
[[field:cataloglink/]] [field:booklink/]</td>
<td width='40%'>[field:contentlink/]</td>
<td width='20%'>[field:lastpost function="GetDateMk(@me)"/]</td>
</tr>
</table>
{/dede:bookcontentlist}
```

标记属性

[1] row:调用记录条数。

[2] booktype：图书类型 1 漫画，0 小说，-1 或默认全部。

[3] orderby=lastpost 排序类型，当按排序类型为 commend 表示推荐图书

[4] author：作者。

[5] keyword：关键字。

（7）Booklist 标记。

功能说明　用于获取最新连载图书。

适用范围　连载书库。

基本语法

```
{dede:booklist row='' booktype='' titlelen='' orderby='' catid='' author='' imgwidth=''
imgheight=''}底层模板{/dede:booklist}
```

属性说明

[1] row=''，行数。

[2] booktype=''，图书类型 1 漫画，0 小说， -1 或默认全部。

[3] titlelen=''，标题长度。

[4] orderby=''，排序。当按排序类型为 commend 表示推荐图书。

[5] catid=''，栏目 ID。

[6] author="，作者。

[7] imgwidth="，缩略图宽度。

[8] imgheight="，缩略图高度。

底层模板

```
contenttitle,contentid,contenturl,dmbookurl,bookurl,catalogurl,cataloglink,booklink
,contentlink,imglink
```

（8）Cattree 标记。

功能说明　调用树形类目。

适用范围　全局使用。

基本语法

```
{dede:cattree typeid='' catid='' showall=''/}
```

标签属性

[1]typeid：顶级树 id。

[2]catid：上级栏目 id。

[3]showall：在空或不存在时，强制用产品模型 id；如果是 "yes" 则显示整个语言区栏目树；为其他数字则是这个数字模型的 id。

（9）Channel 标记。

功能说明　用于获取栏目列表。

适用范围　封面模板、列表模板、文档模板。

基本语法

```
{dede:channel row='' type=''}
自定义样式模板(InnerText)
{/dede:channel}
```

属性说明

[1] row='数字'，表示获取记录的条数（通常在某级栏目太多的时候使用，默认是 8）。

[2] type = top,sun/son,self。

type='top' 表示顶级栏目；

type='son' 或 'sun' 表示下级栏目；

type='self' 表示同级栏目。

其中，后两个属性必须在列表模板中使用。

底层模板变量

ID,typename,typedir,typelink（仅表示栏目的网址）

例：

```
{dede:channel type='top'}
<a href='[field:typelink /]'>[field:typename/]</a>
{/dede:channel}
```

在没有指定 typeid 的情况下，type 标记与模板的环境有关，如模板生成到栏目一，那么 type='son'就表示栏目一的所有子类。

（10）Channelartlist 标记。

功能说明　用于获取当前频道的下级栏目的内容列表。

适用范围　封面模板。

基本语法

```
{dede:channelArtlist typeid=0 col=2 tablewidth='100%'}
<table width="99%" border="0" cellpadding="3" cellspacing="1" bgcolor="#BFCFA9">
<tr>
<td bgcolor="#E6F2CC">
{dede:type}
<table border="0" cellpadding="0" cellspacing="0" width="98%">
<tr>
<td width='10%' align="center"><img src='[field:global name='cfg_plus_dir'/]/img/
channellist.gif' width='14' height='16'></td>
<td width='60%'>
<a href="[field:typelink /]">[field:typename /]</a>
</td>
<td width='30%' align='right'>
<a href="[field:typelink /]">更多...</a>
</td>
</tr>
</table>
{/dede:type}
</td>
</tr>
<tr>
<td height="150" valign="top" bgcolor="#FFFFFF">
{dede:arclist row="8"}
<a href="[field:arcurl /]">[field:title /]</a><br>
{/dede:arclist}
</td>
</tr>
</table>
<div style='font-size:2px'> </div>
{/dede:channelArtlist}
```

除了宏标记外，channelArtlist 是唯一一个可以直接嵌套其他标记的标记，不过仅限于嵌套 {dede:type}{/dede:type} 和 {dede:arclist}{/dede:arclist} 两个标记。

属性说明

[1]typeid=0 频道 ID，默认的情况下，嵌套的标记使用的是这个栏目 ID 的下级栏目，如果想用特定的栏目，可以用","分开多个 ID。

[2]col=2，分多列显示。

[3]tablewidth='100%'，表示外围表格的大小。

（11）Feedback 标记。

功能说明　用于调用最新评论。

适用范围　全局使用。

基本语法

```
{dede:feedback}
<ul>
<li class='fbtitle'>[field:username function="(@me=='guest' ? '游客' : @me)"/] 对
[field:title/] 的评论: <>
<li class='fbmsg'> <a href="plus/feedback.php?aid=[field:aid/]" class='fbmsg'>[field:msg
/]</a><>
</ul>
{/dede:feedback}
```

属性说明

[1]row='12'，调用评论条数。

[2]titlelen='24'，标题长度。

[3]infolen='100'，评论长度。

（12）Flink 标记。

功能说明　用于获取友情链接。

适用范围　封面模板。

基本语法

```
{dede:flink type='' row='' col='' titlelen='' tablestyle=''}{/dede:flink}
```

属性说明

[1]type：链接类型，值。

当 type='textall'，全部用文字显示；

当 type='textimage'，文字和图得混合排列；

当 type='text'，仅显示不带 Logo 的链接；

当 type='image'，仅显示带 Logo 的链接。

[2]row：显示多少行，默认为 4 行。

[3]col：显示多少列，默认为 6 列。

[4]titlelen：站点文字的长度。

[5]tablestyle：表示 <table 这里的内容>。

（13）Flinktype 标记。

功能说明　用于获取友情链接类型。

适用范围　全局使用。

基本语法

```
{dede:flink row='24'/}
```

属性说明

[1]row：链接类型数量。

[2]titlelen：链接文字的长度。

（14）Group 标记。

功能说明　获取特定条件的圈子。

适用范围　非扩展模块所有模板。

基本语法

```
{dede:group row="个数" orderby='排序条件' }底层模板{/dede:group}
```

属性说明

[1] row 返回结果个数。

[2] orderby 排序条件，一般为默认 threads 发贴量，members 会员数，hits 浏览量，stime 创建时间。

底层模板

```
[field:url/]圈子网址 [field:groupname/]圈子名称 [field:icon/]圈子图标 [field:groupid/]
圈子 ID
```

（15）Groupthread 标记。

功能说明　获取圈子最新发表的主题。

适用范围　非扩展模块所有模板。

基本语法

```
{dede:groupthread gid='' row='' orderby='' orderway=''}底层模板{/dede:groupthread}
```

属性说明

[1] gid=''，圈子分类，为空或 0 则表示所有分类。

[2] row=''，记录条数。

[3] orderby=''，排序条件，默认 dateline。

[4] orderway=''，排序方向，desc 或 asc。

底层模板

[field:url/]圈子网址 [field:groupname/]圈子名称 [field:icon/]圈子图标 [field:groupid/] 圈子 ID

（16）Hotwords 标记。

功能说明　获取网站搜索的热门关键字。

适用范围　全局使用。

基本语法

```
{dede:hotwords num='6' subday='365' maxlength ='16'/}
```

属性说明

[1]num='6'，关键词数目。

[2]subday='365'，天数。

[3]maxlength='16'，关键词最大长度。

（17）Infoguide 标记。

功能说明　分类信息的地区与小分类搜索。

适用范围　全局使用。

基本语法

```
{dede:infoguide /}
```

（18）Infolink 标记。

功能说明　调用分类信息地区与类型快捷链接。

适用范围　全局使用。

基本语法

```
{dede:infolink /}
```

（19）Json 标记。

功能说明　调用某个远程连接的 json 数据库。

适用范围　全局使用。

使用版本　DedeCMS V5.7。

基本语法

```
{dede:json url='http://www.pzxy.com/json.php' cache=300}
[field:id/]-[field:title/]<br/>
{/dede:json}
```

属性说明

[1]url：json 数据地址。

[2]cache：缓冲时间。

（20）Linkearticle 标记。

功能说明 自动关联文档标签。

适用范围 内容页使用。

基本语法

```
{dede:likearticle row='' col='' titlelen='' infolen=''}
<a href='[field:arcurl/]'>[field:title/]</a>
{/dede:likearticle}
```

属性说明

[1]col=''，分多少列显示（默认为单列）。

[2]row='10'，返回文档列表总数。

[3]titlelen = '30'，标题长度，等同于 titlelength。

[4]infolen='160'，表示内容简介长度，等同于 infolength。

[5]mytypeid=0，手工指定要限定的栏目 id，用 "," 分开表示多个。

[6]innertext = ''，单条记录样式(指标签中间的内容)。

（21）Likepage 标记。

功能说明 调用相同标识单页文档。

适用范围 全局标记。

基本语法

```
{dede:likepage likeid='' row=''/}
```

属性说明

[1]row：调用条数。

[2]likeid：标识名。

（22）Loop 标记。

功能说明 用于调用任意表的数据，一般用于调用论坛贴子之类的操作。

适用范围 所有模板。

基本语法

```
{dede:loop table=' sort='' row='' if=''}
底层模板
{/dede:loop}
```

属性说明

[1] table 表示查询的数据表。

[2] sort 用于排序的字段。

[3] row 表示返回结果的条数。

[4] if 接查询条件。

底层模板变量

这个标记的底层模板变量即是被查询表的所有字段。

例：获取 Phpwind 论坛的最新主题贴子。

```
{dede:loop table='pw_threads' sort='tid' row='8' if=''}<br>
<a href="/jiutian/read.php?tid=[field:tid/]">
```

```
[field:subject function="cn_substr('@me',30)"/]
([field:lastpost function="date('m-d H:M','@me')"/])</a> <br/>
{/dede:loop}
```

（23）Memberlist 标记。

功能说明　会员信息调用标签。

适用范围　全局使用。

基本语法

```
{dede:memberlist orderby='scores' row='20'}
<a href="ppzx/index.php?uid={dede:field.userid /}">{dede:field.userid /}</a>
<span>{dede:field.scores /}</span>
{/dede:memberlist}
```

属性说明

[1]row = '6'，调用数目。

[2]iscommend = '0'，是否为推荐会员。

[3]orderby = 'logintime'，按登录时间排序；money 按金钱排序；scores 按积分排序。

（24）Myad 标记。

功能说明　全局标记，获取广告代码。

基本语法

{dede:myad name=''/}

标记属性

[1]typeid：投放范围,0 为全站。

[2]name：广告标识。

（25）Mynews 标记。

功能说明　用于获取站内新闻。

适用范围　封面模板。

基本语法

```
{dede:mynews row='条数' titlelen='标题长度'}Innertext{/dede:mynews}
```

属性说明

[1] row：新闻条数。

[2] titlelen：标题长度。

底层模板变量

```
[field:title/]、[field:writer/]、
[field:senddate function="strftime('%y-%m-%d %H:%M',@me)"/](时间)、[field:body/]
```

（26）Mytag 标记。

功能说明　用于获取自定义宏标记的内容。

适用范围　全局使用。

基本语法

{dede:mytag typeid='0' name=''/}

属性说明

[1]name = ''，标记名称，该项是必需的属性，以下[2]、[3]是可选属性。

[2]ismake = 'yes|no'，默认是"no"表示设定的纯 HTML 代码，"yes"表示含板块标记的代码。

[3]typeid = ''，表示所属栏目的 id，默认为 0，表示所有栏目通用的显示内容，在列表和文档模板中，typeid 默认是这个列表或文档本身的栏目 id。

（27）Php 标记。

功能说明　调用 PHP 代码。

基本语法

{dede:php}

$a = "dede"; echo $a;

{/dede:php}

（28）Sonchannel 标记。

功能说明　子栏目调用标签。

适用范围　全局使用。

基本语法

{dede:sonchannel}

<a href='[field:typeurl/]'>[field:typename/]</a>

{/dede:sonchannel}

参数说明

[1]row ='100'，返回数目。

[2]col = '1'，默认单列显示。

[3]nosonmsg = ''，没有指定 ID 子栏目显示的信息内容。

（29）Sql 标记。

功能说明　用于从模板中用一个 SQL 查询获得其返回内容。

适用范围　非扩展模块的所有模板。

基本语法

{dede:sql sql=""}底层模板{/dede:sql}

属性说明

[1] sql 完整的 SQL 查询语句。

底层模板

SQL 语句中查出的所有字段都可以用[field:字段名/]来调用。

（30）Tag 标记。

功能说明　Tag 调用标签。

适用范围　全局使用。

基本语法

{dede:tag sort='new' getall='0'}

<a href='[field:link/]'>[field:tag /]</a>

{/dede:tag}

属性说明

[1]row='30'，调用条数。

[2]sort='new'，排序方式 month，rand，week。

[3]getall='0'，获取类型。"0"为当前内容页 TAG 标记，"1"为获取全部 Tag 标记。

（31）Type 标记。

功能说明　表示指定的单个栏目的链接。

适用范围　封面模板、列表模板、文档模板。

基本语法

```
{dede:type typeid=''}{/dede:type}
```

属性说明

typeid='栏目 ID'。

（32）Vote 标记。

功能说明　用于获取一组投票表单。

适用范围　封面模板。

基本语法

```
{dede:vote id='投票 ID' lineheight='22'
tablewidth='100%' titlebgcolor='#EDEDE2'
titlebackground='' tablebgcolor='#FFFFFF'}
{/dede:vote}
{dede:vote id='' lineheight='22' tablewidth='100%' titlebgcolor='#EDEDE2' titlebackground=''
ta blebgcolor='#FFFFFF'/}
{/dede}
```

属性说明

id:数字，当前投票 ID。

lineheight：表格高度。

tablewidth：表格宽度。

titlebgcolor：投票标题背景色。

titlebackground：标题背景图。

tablebg：投票表格背景色。

6.2.3　任务实施

1．教育网站首页标记的调用

（1）网站标题的调用。

在源程序中<title>{dede:global.cfg_webname/}</title>，其中{dede:global.cfg_webname/}是针对于首页标题的调用。

（2）网站导航栏目的调用。

```
<ul>
    <li style="background:none;">
        <a href='{dede:global.cfg_cmsurl/}/'><span>网站首页</span></a>
    </li>
    {dede:channel type='top' row='6' currentstyle="<li class='hover'><a href='~
typelink~' ~rel~><span>~typename~</span></a></li>"}
    <li><a href='[field:typeurl/]' [field:rel/]><span>[field:typename/]</span></a></li>
```

```
    {/dede:channel}
    </ul>
```

在上述代码中，{dede:global.cfg_cmsurl/}是指向网站首页，{dede:channel}{/dede:channel}是调用栏目列表，row='6' 是限制导航在首页显示 6 条记录，超出 6 条则不显示，[field:typename/]显示添加的导航名称。

（3）首页内容标记调用。

使用 SQL 语句调用网站公司简介内容，标记如下：

```
{dede:sql sql='Select content,substring(content,1,1000) as content from dede_arctype
where id=1'}
    [field:content/]
{/dede:sql}
```

从 dede_arctype 表中调用 id 号为 1 的栏目内容用 SQL 语句显示出来。

（4）新闻列表调用。

```
 <ul>
    {dede:arclist row='7' titlelen='24' channelid='1'}
     <li>
<span>([field:pubdate function=MyDate('Y-m-d',@me)/])</span> [field:textlink/]<br/>
     </li>
{/dede:arclist}
  </ul>
```

在上述代码中，{dede:arclist}{/dede:arclist}调用文章列表，显示 7 条，titlelen='24'指标题长度为 24 个字符即 12 个汉字。

（5）图片列表调用。

```
<ul>
    {dede:arclist row='6' col='3' titlelen='24' typeid='14' }
        <li>[field:imglink/]</li>
    {/dede:arclist}
</ul>
```

在上述代码中，其中 typeid='14'是指图片所在的栏目 ID，[field:imglink/]是调用后添加的图片。

（6）网站版权的调用。

```
{dede:global.cfg_powerby/}
```

在上述代码中，调用从后台添加版权信息，在网站底部显示出来。

2．教育网站列表页标记的调用

（1）概述页面的标记调用。

{dede:field ame='position'/}是网站位置调用；内容调用为{dede:field.content/}；，调用该栏目添加的内容。

（2）新闻列表的调用。

```
{dede:list pagesize='10'}
            <li><span>[[field:pubdate function=MyDate('y-m-d',@me)/]]</span><b>[[field:typelink/]]
</b><a href="[field:arcurl/]" class="title">[field:title/]</a></li>
    {/dede:list}
```

在上述代码中，pagesize='10'调用的新闻显示为 10 条记录，[field:title/]显示添加的文章标题，

[[field:pubdate function=MyDate('y-m-d',@me)/]显示添加新闻的时间，[field:typelink/]]指新闻所在的栏目。

3．教育网站文章页标记的调用

```
{dede:field.pubdate function="MyDate('Y-m-dH:i',@me)"/} {dede:field.source/} {dede:field.
writer/}<scriptsrc="{dede:field ame='phpurl'/}/count.php?view=yes&aid={dede:field name='id'/}
&mid={dede:fieldname='mid'/}"type='text/javascript' language="javascript"></script>
```

在上述代码中，function="MyDate('Y-m-d H:i',@me)"指文章显示日期，{dede:field.source/}文章来源，{dede:field.writer/}编写文章作者，{dede:fieldname='mid'/}文章点击次数。

6.2.4　任务评价

本任务的考核是通过平顶山韩创教育咨询网站使用 DedeCMS 标记来调用相关内容的使用情况为最终考核，考核的主要内容是使用 DedeCMS 标记的能力。掌握 DedeCMS 标记在网站标题、网站导航栏目、首页内容、新闻列表、图片列表、网站版权及教育网站文章页等方面的使用。表 6-2所示为本任务考核标准。

表 6-2　　　　　　　　　　　　　　　　本任务考核标准

评 分 项 目	评 分 标 准	分　值	比　例
任务结果	熟练掌握 DedeCMS 标记的使用	0～20 分	50%
	能够使用 DedeCMS 标记调用网站相应内容	0～20 分	
	熟练应用几种常用 DedeCMS 标记进行网站开发	0～10 分	
任务过程	根据任务实施过程的态度、团队协作、拓展能力和创新能力等方面进行考核	酌情打分	20%
知识的掌握	掌握常用 DedeCMS 标记的基本用法	酌情打分	20%
任务完成时间	在规定的时间内完成任务者得满分，每推迟 1 小时扣 5 分	0～20 分	10%

6.2.5　任务小结

本次任务在掌握 DedeCMS 标记使用的情况下完成平顶山韩创教育咨询网站标记的调用。

在完成该任务的同时要掌握 DedeCMS 标记的基本用法及相应属性的含义。并能根据具体网站内容要求完成相应标签的调用。通过标签的调用大大地减少程序的开发时间，提高开发效率。

6.3　任务三　教育网站后台管理

6.3.1　任务描述

本次主要任务是利用 DedeCMS 的管理平台完成平顶山韩创教育咨询网站的管理。在完成该任务的过程中了解 DedeCMS 的管理平台的各个功能模块的使用，掌握使用织梦"核心"模块对平顶山韩创教育咨询网站管理的使用方法。

6.3.2　任务实施

1．核心模块的使用

在浏览器地址栏中输入：http://localhost/dede/后进入后台管理页面，在这里，程序员就要对平顶山韩创教育咨询网站后台进行管理，而程序员主要操作的功能区就是"核心"栏目这一块。在这一模块中主要有常用操作、内容管理、附件管理、频道模型、批量维护和系统帮助这几部分。本部分的任务只针对其中用到的功能模块进行介绍，如图 6-16 所示。

韩创教育网站用到的所有栏目都是从这里添加的。

2. 常用操作使用

在常用操作中最重要的一个就是网站栏目管理。对于一个刚导入的模板首先要做的工作是进行顶级栏目的添加，对于一个网站来说，顶级栏目概括了整个网站的全部。点击"核心"栏目中"常用操作"中的"网站栏目管理"，然后添加顶级栏。

（1）网站栏目管理。

在网站栏目管理模块中可以添加相应的栏目，如图 6-17 所示。

在这里，为平顶山韩创教育咨询网站填加了公司简介、管理咨询、在职读研、经典教育、联系我们、在线留言等网站顶级栏目。

以"在职读研"顶级栏目为例，当点击"在职读研"之后会出现如图 6-18 所示的操作界面，在本页面上有"添加文档"按钮，点击之后就进入了内容添加页面，按照相应的项目填写相应的内容，即可完成内容的添加。

图 6-16 "核心"栏目

图 6-17 顶级栏目填加效果图

（2）"我发布的文档"管理。

在常用操作中有一个是"我发布的文档"功能项。点击该项之后，会出现所有已经发布的文档，如图 6-19 所示。在这里可以对每一个发布过的内容进行编辑、修改等操作。

图 6-18　顶级栏目填加效果图

图 6-19　"我发布的文档"图

3．频道管理

（1）内容模型管理。

在频道管理中介绍一下"内容模型管理"。在这里指发表文档的类别，例如，普通文章、图片集、软件、FLASH、产品、专题、分类信息，如图 6-20 所示。

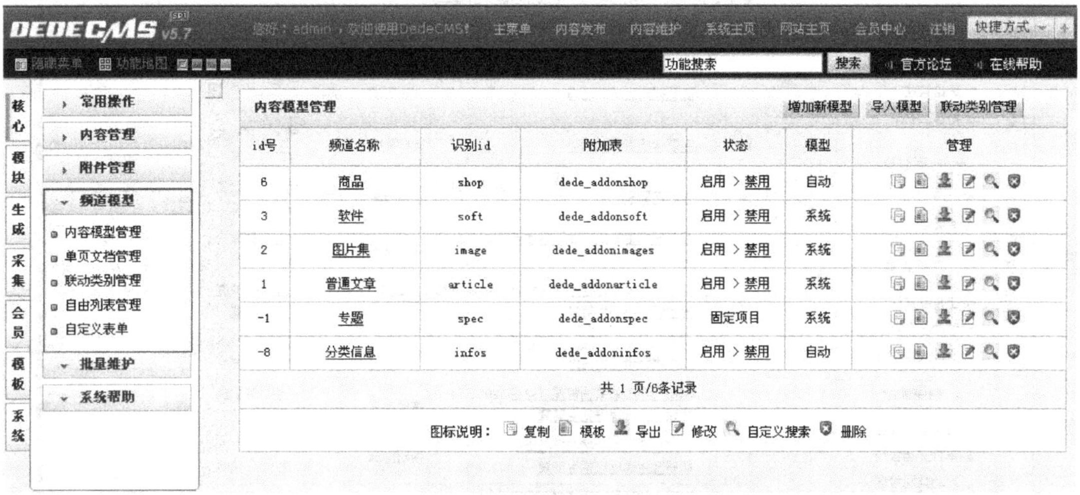

图 6-20　内容模型管理

对每一项能进行的操作是编辑、删除、复制和修改模板。

（2）单页文档管理。

单页文档不属于网站栏目的页面，可以选择用模板或不用模板，如图 6-21 所示。

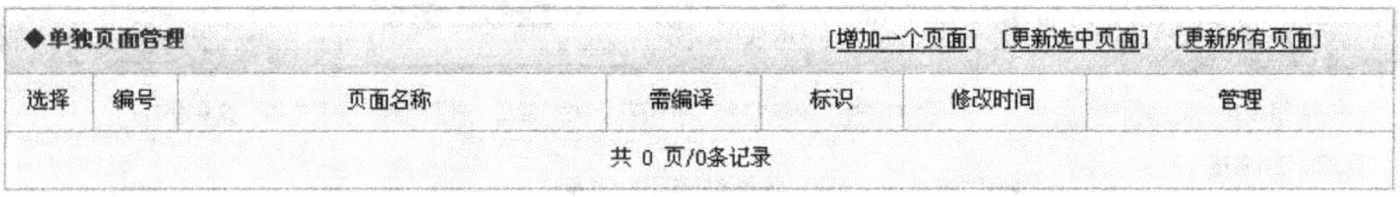

图 6-21　单独页面管理

在单页文档管理中，可以增加一个页面，也可以更新选中的页面、更新所有页面，还能删除页面。

（3）自由列表管理。

自由列表不同于 arclist 等标签，自由列表标签 freelist 可以对调用的数据进行分页，这样可以通过对自由列表指定模板按照自定义规则生成不同顺序列表，以实现统一化的文档管理。自由列表同时可以独立编译，不与其他模板混在一起，不会影响系统生成 HTML 及访问速度。

使用者以超级管理员身份登录系统后台，点击"核心"→"频道模型"→"自由列表管理"，进入自由列表管理界面。织梦系统默认提供了一个很好的自由列表使用例子，那就是列表名为"Google SiteMap 生成器"的自由列表。可以用来生成 Google 地图、百度地图等，利于搜索引擎收录，如图 6-22 所示。

在这里可以增加、更改、更新、删除、搜索自由列表。在增加自由列表页面可以看到如图 6-23 所示的自由列表信息，以下对几个选项做些解释。

图 6-22　自由列表管理

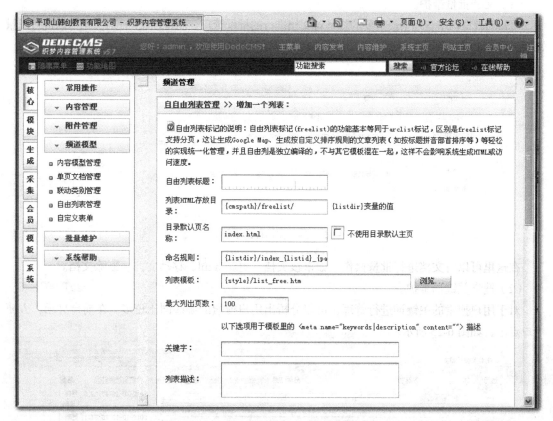

图 6-23　增加自由列表操作

● 　自由列表标题：{dede:field.title/}用于显示在自由列表页面中的标题。

● 　列表 HTML 存放目录：用于生成 HTML 的存放目录 {cmspath}：代表网站安装根目录。
如果需要同某个栏目的地址保持一致，可以进入后台"核心"→"网站栏目管理"，更改一个栏目
查看栏目的文件保存目录即可。

● 目录默认页名称：如果选择了会生成一个相应名称的默认文件，内容为列表页的第一页。

● 命名规则：生成自由列表的命名规则，可以根据自己要求设置。{listdir}：列表 HTML 存放目录，在上面由用户自定义；{listid}：自由列表 ID，在自由列表管理中显示；{page}：自由列表分页页码。

● 列表模板：当前分页列表的模板文件，可以自己指定，默认模板为{style}/list_free.htm。

● 关键词及列表描述：{dede:field name='keywords|description'/}用于模板里 <meta name="keywords|description" content="">的描述。接下来，介绍制作自由列表的模板的方法。制作自由列表的模板其实非常简单，做过文章列表页模板的用户都清楚，在文章的列表页中主要用以下两个标签：{dede:list/}以及{dede:pagelist}，前者主要是列出当前栏目中的内容，后者是内容分页标记，但是在自由列表的模板中有所不同，在内容列表中的{dede:list/}标记被替换为{dede:freelist/}标记，并且这个{dede:freelist/}标记不同于{dede:list/}可以自由指定底层模板(innertext)，{dede:freelist/}的底层标记需要在自由列表添加页面中指定。

4．批量维护

（1）文档批量维护。

在韩创教育网站管理中最重要的就是对文档进行的批量管理。DedeCMS 针对文档可以进行批量管理，具体操作如图 6-24 所示。

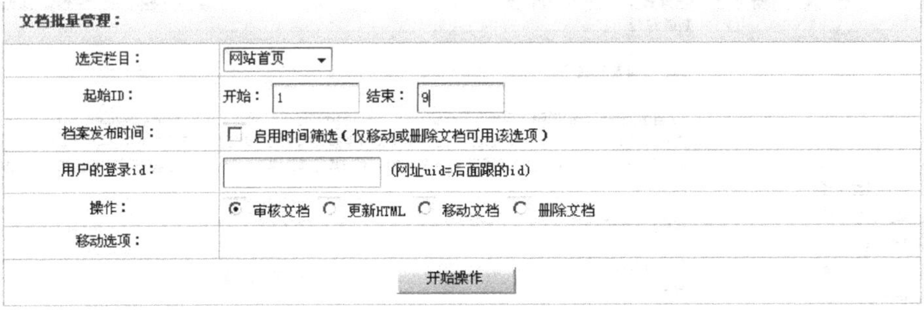

图 6-24　文档批量维护

在这里可以对文档进行批量操作，如审核文档、更新 html、移动文档、删除文档。

（2）搜索关键词维护。

对于用户搜索的关键词进行管理，可以分析出用户搜索的哪些词比较多，在前台显示，方便用户点击，如图 6-25 所示。

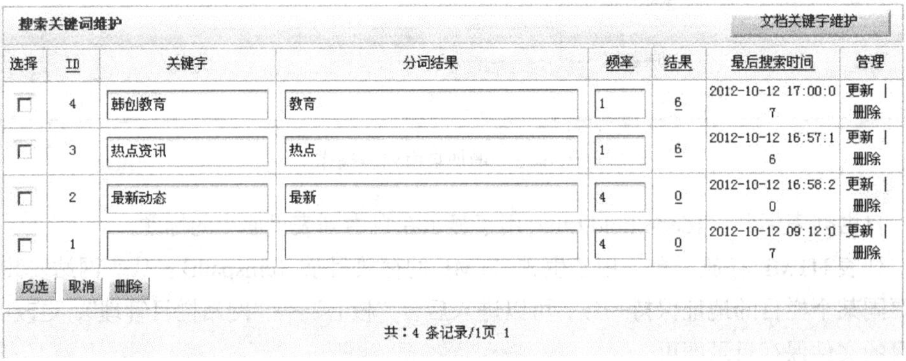

图 6-25　搜索关键词管理

230

在这里可以进行相应的操作，如文档关键词维护、更新、删除、搜索。分析系统内的关键字，管理搜索的关键字，增加关键字。

6.3.3　任务评价

本任务的考核是通过 DedeCMS 平台对平顶山韩创教育咨询网站的后台进行管理而进行的。使用 DedeCMS 核心模块对该网站的内容和数据进行动态管理，掌握后台管理所需了解的操作功能及方法的使用。表 6-3 所示为本任务考核标准。

表6-3　　　　　　　　　　　　　本任务考核标准

评 分 项 目	评 分 标 准	分　　值	比　　例
任务结果	熟练掌握 DedeCMS 的使用	0～20 分	50%
	能够使用 DedeCMS 进行数据的管理	0～20 分	
	熟练掌握 DedeCMS 常用功能模板的使用	0～10 分	
任务过程	根据任务实施过程的态度、团队协作、拓展能力和创新能力等方面进行考核	酌情打分	20%
知识的掌握	DedeCMS 功能模板的使用	酌情打分	20%
任务完成时间	在规定的时间内完成任务者得满分，每推迟 1 小时扣 5 分	0～20 分	10%

6.3.4　任务小结

本次任务是利用 DedeCMS 管理平台对平顶山韩创教育咨询网站的后台进行管理。

在完成该任务的同时要掌握 DedeCMS 管理平台中主要功能模块的使用，并能利用该功能模块管理、填加、修改、删除平顶山韩创教育咨询网站的内容及栏目。给程序员及用户提供最大的方便，节约开发和维护时间。

6.4　任务四　教育网站页面内容添加

6.4.1　任务描述

本次任务主要完成平顶山韩创教育咨询网站内容的添加。在 DedeCMS 中建立好相应的栏目之后，对相应栏目中的内容进行添加，使网站的内容丰富，以利于该网站的发布及使用。

6.4.2　任务实施

本次任务按平顶山韩创教育咨询网站顶级栏目的设置完成相应内容的添加。

1．添加主栏目与子栏目

在 DedeCMS 中完成主栏目和子栏目的添加，如图 6-26 所示。如在"经典教育"中添加"学员动态"、"拓展实训"、"服务项目" 3 个子栏目。

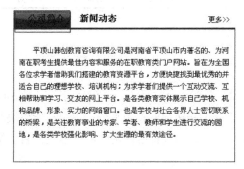

图 6-26　后台添加栏目

2. 添加公司简介内容

在"公司简介"栏目中添加相应的公司简介内容，效果如图 6-27 所示。

图 6-27　添加公司简介

调用标记如下：

```
{dede:sql sql='Select content,substring(content,1,1000) as content from dede_arctype where id=1'}
    [field:content/]
{/dede:sql}
```

3. 新闻动态的完成

新闻动态、使用智能标记向导，步骤如下。

（1）选择"模板"菜单下的"模板管理"中的"智能标记向导"。

（2）选择列表样式，如图 6-28 所示。

列表样式：

图 6-28　选择列表样式

（3）选择调用栏目、限定频道等信息，如图 6-29 所示。

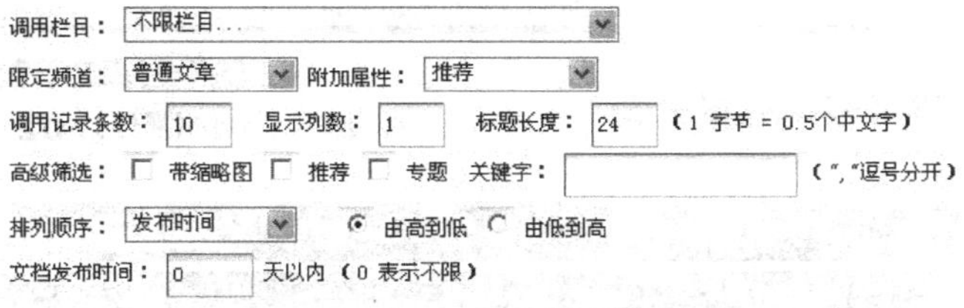

调用栏目：不限栏目...

限定频道：普通文章　　附加属性：推荐

调用记录条数：10　　显示列数：1　　标题长度：24　（1 字节 = 0.5个中文字）

高级筛选：□ 带缩略图 □ 推荐 □ 专题 关键字：　　　　　　　　（"，"逗号分开）

排列顺序：发布时间　　　◉ 由高到低 ○ 由低到高

文档发布时间：0　　　天以内（0 表示不限）

图 6-29　选择调用栏目

（4）单击"生成模板调用标记"，输出以下代码，如图 6-30 所示。

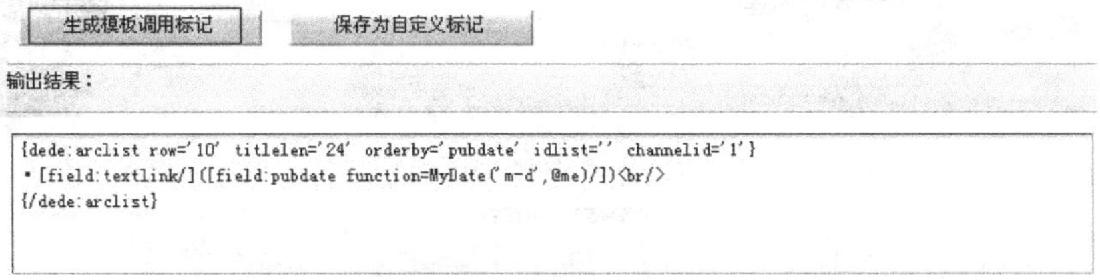

生成模板调用标记　　保存为自定义标记

输出结果：

```
{dede:arclist row='10' titlelen='24' orderby='pubdate' idlist='' channelid='1'}
•[field:textlink/]([field:pubdate function=MyDate('m-d',@me)/])<br/>
{/dede:arclist}
```

图 6-30　生成调用标记

（5）将代码复制，粘贴到显示新闻动态代码行，修改如下。

调用标记如下：

```
{dede:arclist row='7' titlelen='24' orderby='pubdate' idlist='' channelid='1'}
[field:textlink/] ([field:pubdate function=MyDate('Y-m-d',@me)/])
{/dede:arclist}
```

（6）在后台更新主页，前台页面就会看到如图 6-31 效果。

4. 学员天地、拓展实训内容添加

学员天地、拓展实训内容添加效果如图 6-32 所示。

图 6-31　添加新闻动态　　　　图 6-32　天地、拓展实训添加学员

调用标记如下：

```
{dede:arclist row='6' col='3' titlelen='24' orderby='pubdate' typeid='14' idlist=''}
 [field:imglink/]
{/dede:arclist}
```

5．添加留言内容

留言本效果如图 6-33 所示。

图 6-33　留言本

6.4.3　任务评价

本任务的考核是通过 DedeCMS 平台对平顶山韩创教育咨询网站的内容进行添加。使用 DedeCMS 功能模块对该网站的内容进行添加，可以大大减少对网站的维护时间，提高管理水平和效率。表 6-4 所示为本任务考核标准。

表 6-4　　　　　　　　　　　　　　　本任务考核标准

评 分 项 目	评 分 标 准	分　　值	比　　例
任务结果	完成网站主栏目和子栏目添加，并添加上相应内容	0～20 分	50%
	完成新闻动态的添加	0～20 分	
	完成留言本及其他内容的添加	0～10 分	

续表

评 分 项 目	评 分 标 准	分　　值	比　　例
任务过程	根据任务实施过程的态度、团队协作、拓展能力和创新能力等方面进行考核	酌情打分	20%
知识的掌握	DedeCMS 功能模板的使用	酌情打分	20%
任务完成时间	在规定的时间内完成任务者得满分，每推迟 1 小时扣 5 分	0～20 分	10%

6.4.4　任务小结

本次任务是利用 DedeCMS 管理平台对平顶山韩创教育咨询网站的栏目及内容进行添加，完成相应内容的管理任务。

在完成该任务的同时要掌握 DedeCMS 管理平台对网站各个内容添加过程中所起的作用。利用常用功能模块对网站内容进行的管理、填加、修改、删除；通过使用 DedeCMS 管理平台来提高平顶山韩创教育咨询网站管理效率，缩短维护时间，提高维护效率。

6.5　拓展实训：企业网站添加网页特效

6.5.1　任务描述

完成 "平顶山华通胶辊有限公司" 企业网站静态模板的导入，利用 DedeCMS 管理平台对该网站的栏目及网站的内容进行添加。

6.5.2　实训目的

通过平顶山华通胶辊有限公司企业网站的制作，进一步强化静态页面模板的导入、DedeCMS 管理平台对该网站的栏目进行设置与管理及使用 DedeCMS 平台对网站的内容进行添加。提高网站开发效率，使网站的内容丰富，以利于该网站的发布及使用。

6.5.3　实训要求

本实训的任务包括如下 3 个。

（1）对平顶山华通胶辊有限公司企业网站的静态模板进行导入。

（2）利用 DedeCMS 管理平台对该网站的栏目进行合理的设置与管理。

（3）使用 DedeCMS 平台对网站的内容进行添加。

对如图 6-34 所示的主要内容进行添加。

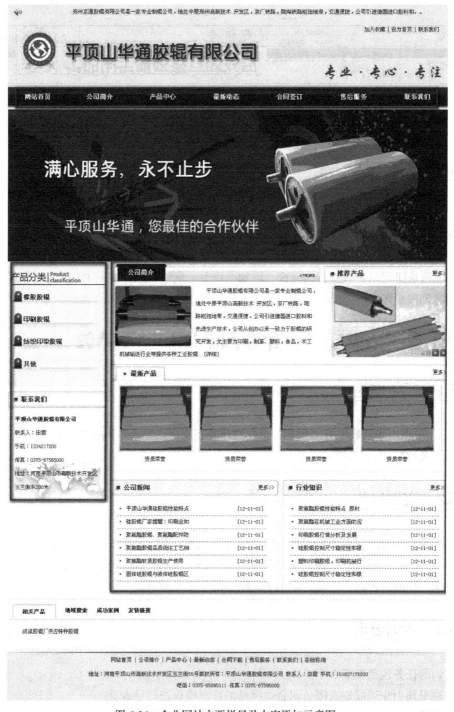

图 6-34　企业网站主要栏目及内容添加示意图

6.5.4　实训考核

本实训的考核是通过平顶山华通胶辊有限公司网站的页面效果完成结果为最终考核内容。表 6-5 所示为本任务考核标准。

表 6-5　　　　　　　　　　　　　　本实训考核标准

评 分 项 目	评 分 标 准	分　　值	比　　例
任务结果	熟练掌握企业网站静态模板的导入	0～20 分	50%
	熟练掌握利用 DedeCMS 管理平台对企业商站进行管理	0～20 分	
	熟练掌握利用 DedeCMS 管理平台企业网站内容的添加	0～10 分	
任务过程	根据任务实施过程的态度、团队协作、拓展能力和创新能力等方面进行考核	酌情打分	20%
知识的掌握	DedeCMS 管理平台的使用	酌情打分	20%
任务完成时间	在规定的时间内完成任务者得满分，每推迟 1 小时扣 5 分	0～20 分	10%

习题

1．填空题

（1）在织梦中，网页文件的扩展名是＿＿＿＿＿＿＿＿。

（2）安装 DedeCMS5.7 时，国内用户一般需要下载＿＿＿＿＿＿＿＿版本。

（3）PHP 文件的扩展名为＿＿＿＿＿＿＿＿。

（4）在静态页面导入到织梦的过程中，一般将图片放到＿＿＿＿＿＿＿＿文件夹下，html 页面放到＿＿＿＿＿＿＿＿文件夹下，JS 特效文件放到＿＿＿＿＿＿＿＿文件夹下，CSS 样式放到＿＿＿＿＿＿＿＿文件夹下。

2．选择题

（1）用于获取栏目列表的标记是（　　　）。

　　A．Channel　　　　B．Cattree　　　　C．Channelartlist　　D．Feedback

（2）将 dedecms5.7 解压后，以下叙述正确的是（　　　）。

　　A．将 upload 文件夹中的文件上传的网站的根目录

　　B．将 upload 文件夹上传到网站根目录

　　C．将解压后的文件上传到网站根目录

　　D．将解压后的文件夹上传到网站根目录

（3）typeid 在首页模板中允许用（　）分开表示多个栏目。

　　A．,　　　　　　　　B．:　　　　　　　　C．;　　　　　　　　D．、

（4）在织梦后台的"核心"菜单下，以下不属于"常用操作"中的功能是（　　　）。

　　A．网站栏目管理　　B．等审核的档案　　C．评论管理　　　　D．自由列表管理

（5）分析以下代码{dede:arclist row='7' titlelen='24' orderby='pubdate' }[field:textlink/] ([field:pubdate function=MyDate('Y-m-d',@me)/]){/dede:arclist}中 row、titlelen、orderby 表示的意思，以下正确的是（　　　）。

　　A．行数、标题、顺序　　　　　　　　　B．列数、标题长度、排序

　　C．条数、标题长度、排序　　　　　　　D．条数、标题、排序

3．简答题

利用本章所学知识，完成静态页面导入织梦的过程，在后台添加栏目和内容，并调用相关的信息。

第7章

网站测试与发布

当网站在本地制作完成，我们该如何预览效果呢？接下来这一章，就来学习如何在本地测试网站，以及如何把网站上传到服务器中，让更多的人可以浏览到你所做的网站。

7.1 任务一 网站本地内部测试

7.1.1 任务描述

在定义了本地站点并对其中的网页编辑完成之后，需要对本地站点进行测试，来检测站点的浏览器兼容性，检查可能存在的链接错误，并在全网站范围内改变链接。

不同版本的浏览器对网页中语句的兼容性是不一样的，如 IE6、IE8 和火狐，这 3 个浏览器的兼容性都不一样的。那么如何知道所做网页的效果能在此版本的浏览器中显示出来呢，这时就需要对目标浏览器的兼容性进行检验。

7.1.2 相关知识

phpStudy 是一个 PHP 集成包，集成 Apache+PHP+MySQL+phpMyAdmin+ZendOptimizer，一次性安装，无须配置即可使用，是非常方便、好用的 PHP 调试环境。

安装前请先看下 80 的端口是否被别的程序占用，如 IIS、迅雷等。需要先将它们关闭，或者改为非 80 端口再进行安装。迅雷默认的端口就是 80。

（1）下载安装 phpStudy 并重启系统后，点击桌面的 phpStudyAdmin 图标（如图 7-1 所示），系统右下角托盘会出现一个图标。

（2）右键点击图标，打开一列菜单，选择第 6 行的 phpMyAdmin（如图 7-2 所示），程序会在浏览器中自动打开网址。

图 7-1　phpStudy 桌面图标　　　　　　　图 7-2　phpStudy 选择菜单

菜单中其他命令如下：

- My HomePage：打开主页，就是本地测试的网页。
- phpinfo：一些关于 PHP 运行环境的信息。
- WWW-root：打开根目录，就是 WWW 目录。
- phpMyAdmin：管理 PHP 程序，利于修改数据库等。

（3）在"登入名称"和"密码"项中输入默认的 root，单击"执行"按钮（如图 7-3 所示）。

图 7-3　配置 phpMyAdmin

（4）打开数据库后，选择中间底部"创建一个新的数据库"栏目下，输入数据库名"Typecho"，第 2 行选择"gbk_chinese_ci"（如图 7-4 所示），单击"创建"按钮，跳转页面提示成功，如图 7-5 所示。

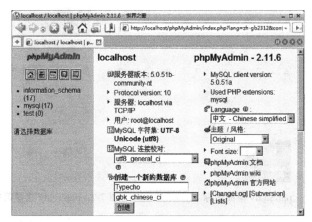

图 7-4　创建一个新的数据库

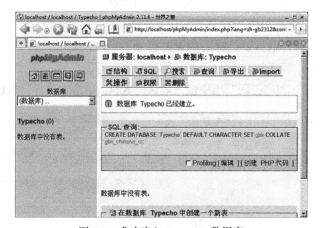

图 7-5　成功建立 Typecho 数据库

7.1.3　任务实施

接下来测试一下网站。

第 1 步：运行 phpStudy 集成软件，在电脑右下角出现一个绿色的图标：　，单击图标出现图 7-6 所示的图片，单击 WWW-root，打开了站点根目录文件夹，查看文件是否正确与完整，查看 MySQL Data 文件夹，查看对话框中的 MySQL 服务以及 Apache 服务是否已开启。

第 2 步：文件以及数据库均已准备妥当，鼠标单击 My HomePage。浏览器打开了网站主页，如图 7-7 所示。

第 3 步：测试页面、链接。

分别在 IE6、IE8 以及火狐浏览器中进行测试，检测完成之后进行修改。

仅完成浏览器的检测是不行的，还需要检测每一个页面、每一级栏目的链接。分别单击每一个栏目、每一个链接，查看是否有错误，如果有，要记录下来找到相应的页面进行修改。这样检测完成修改后的网站就可以上传到服务器上了。

```
My HomePage
phpinfo
WWW-root

MySQL Data
MySQL Console
phpMyAdmin
```

图 7-6　选项菜单

图 7-7　教育网站浏览

7.1.4　任务评价

本任务评价标准如表 7-1 所示。

表 7-1 本任务评价标准

评 分 项 目	评 分 标 准	分　　值	比　　例
任务结果	熟练掌握安装 phpStudy 的方法	0～20 分	50%
	设计的网页通过 IE 等不同浏览器的检测	0～10 分	
	检测每一个超级链接的状态	0～20 分	
任务过程	根据任务实施过程的态度、团队协作、拓展能力和创新能力等方面进行考核	酌情打分	20%
知识的掌握	phpStudy 的相关操作	酌情打分	20%
任务完成时间	在规定的时间内完成任务者得满分，每推迟 1 小时扣 5 分	0～20 分	10%

7.1.5　任务小结

本节我们学习了使用 phpStudy 来检测我们的内部网站。网站的内部检测很重要，因为如果将没有检测的网站上传到服务器之后，而进行频繁改动的话，不仅让用户觉得操作很不方便，也会让搜索引擎觉得我们的网站不稳定。

所以，网站的内部测试很重要，请同学们课后认真检测自己制作的网站。

7.2 任务二 网站远程服务器申请及配置

7.2.1 任务描述

一个网站从建立到投入使用通常要遵循以下顺序：合理规划站点、构建本地站点和远程站点、站点的测试以及站点的上传与发布。

在完成了本地站点所有页面的设计之后，必须经过必要的测试工作，当网站能够稳定地工作后，就可以将站点上传到远程 Web 服务器上，成为真正的站点，这就是站点的发布。

7.2.2 相关知识

一、申请域名

申请域名的形式有免费域名和收费域名两种。

免费域名只提供域名，不提供主页空间，因此这种域名实际上只提供一种转向功能，不能真正发布网页。图 7-8 所示的是"中文全域名"站点中的免费域名申请页面。单击网页中部的"注册中文全域名"按钮后弹出注册窗口，如图 7-9 所示。

图 7-8 一个域名网站

二、域名申请的步骤

1. 查询域名

在申请注册之前，用户必须先检索一下自己选择的域名是否已经被注册，最简单的方式就是上网查询。

图 7-9　注册域名

2．申请注册

用户可以通过两种方式填写注册申请表。

● Web 方式：用户可以在 CNNIC 的网站直接联机填写域名注册申请表并提交。CNNIC 会对用户提交的申请表进行在线检查，填写完毕后单击"注册"按钮即可。

● E-mail 方式：用户也可以从 CNNIC 网站下载纯文本的注册申请表，填好后用 E-mail 发到 hostmaster@cnnic.net.cn 进行注册。

三、网站空间的类型

想建立一个自己的网站，就要选择适合自身条件的网站空间，网站空间的主要类型如下。

● 购买自己的服务器

● 租用专用服务器

● 使用虚拟主机

● 免费网站空间

7.2.3　任务实施

下面我们演示从互联网上申请一个域名来上传到网站：我们通过网站 万网（http://www.net.cn）来申请一个域名。执行操作如图 7-10 所示。

1．查询域名

查询想要申请的域名是否已经存在，万网上提供查询服务，执行操作如图 7-11 所示。查询结束后的显示结果如图 7-12 所示。

2．申请注册

由于选择的是付费域名，所以这里不展示具体的注册过程。在万网上提供有详细的注册流程，在此提供万网域名注册的流程图，如图 7-13 所示。

243

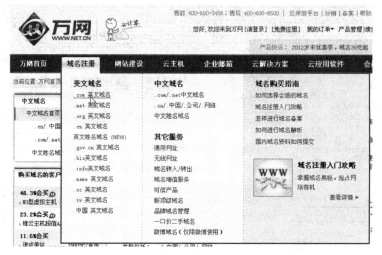

图 7-10　万网申请域名

图 7-11　查询域名状态　　　　　　　　　　　图 7-12　域名查询结果

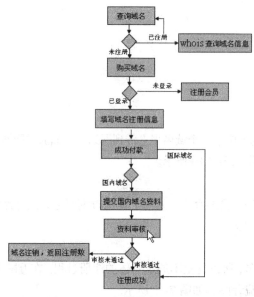

图 7-13　万网提供域名注册流程图

7.2.4　任务评价

本任务评价标准如表 7-2 所示。

表 7-2　　　　　　　　　　　　　　　　　本任务评价标准

评分项目	评分标准	分　值	比　例
任务结果	熟练掌握查询域名的方式	0～20 分	50%
	掌握注册免费域名的方式	0～10 分	
	了解空间的类型	0～10 分	
任务过程	根据任务实施过程的态度、团队协作、拓展能力和创新能力等方面进行考核	酌情打分	20%
知识的掌握	域名注册的相关知识	酌情打分	20%
任务完成时间	在规定的时间内完成任务者得满分，每推迟 1 小时扣 5 分	0～20 分	10%

7.2.5　任务小结

用户可以根据需要来选择正确的申请网站空间的方式。如果用户只是想有一个自己的 WWW 网站，那么只要加入一个 ISP 就可以得到一个 WWW 网站；如果用户想尝试当网管的乐趣，则可以考虑申请虚拟主机服务，而且现在租用虚拟主机的费用并不高；如果用户想建立很专业的商业网站，建议最好租用服务器或购买自己的服务器。

7.3　任务三　网站上传发布

7.3.1　任务描述

织梦内容管理系统（DedeCMS）以简单、实用、开源而闻名，是国内最知名的 PHP 开源网站管理系统，也是使用用户最多的 PHP 类 CMS 系统。

织梦内容管理系统（DedeCMS）基于 PHP+MySQL 的技术架构，完全开源加上强大稳定的技术架构，使用户无论是目前打算做个小型网站，还是想让网站在不断壮大后仍能得到随意扩充都有充分的保证。

接下来我们一起来学习 DedeCMS 网站的上传发布。

7.3.2　相关知识

下面介绍在 Windows 下搭建 CMS。

一、安装 AppServ-win32-2.5.9.exe

1. 安装 AppServer，如图 7-14 所示。
2. 安装中需要输入姓名和 E-mail，如图 7-15 所示。
3. 输入数据库密码等信息，如图 7-16 所示。

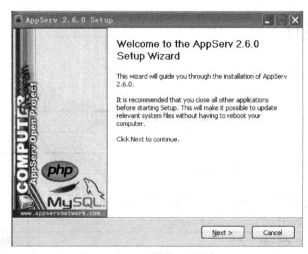

图 7-14 安装 AppServer

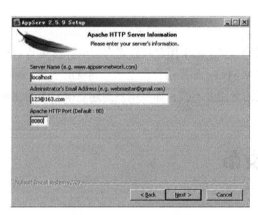

图 7-15 输入姓名和邮箱

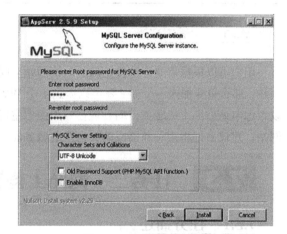

图 7-16 输入数据库密码

4. 单击 "Next"，等待安装完成，如图 7-17 所示。

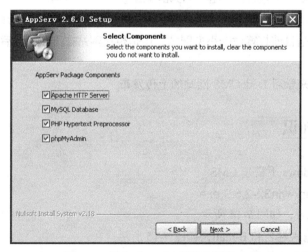

图 7-17 单击 "Next"，等待安装完成

5. 安装完成后，在浏览器地址栏中输入 http://localhost:8080/uploads，如出现如图 7-18 所示，证明安装成功。

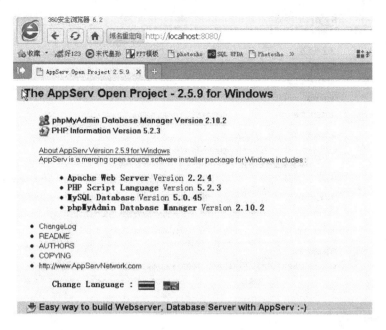

图 7-18　安装成功测试界面

二、配置 DedeCMS

在 appserv 安装目录下有几个文件夹，其中在 www 文件夹里面放上 DedeCMSV5.7-UTF8-Final 中的文件夹 uploads，在地址栏输入 http://localhost:8080/uploads 出现如图 7-19 所示。

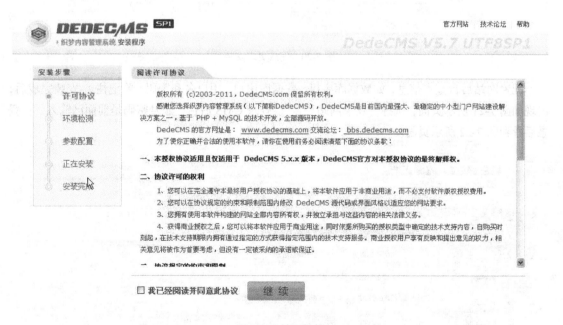

图 7-19　许可协议

同意协议后，出现如 7-20 所示页面，单击下方"继续"按钮完成更多的安装。

图 7-20　完成更多安装

　　配置网站后台基本信息，如数据库主机、数据库用户、用户名和密码（要记住）。安装完成后，出现如图 7-21 所示页面，选择"登录网站后台"。登录 CMS 后台，账号密码是前面已输入的。登录后看到图 7-22 所示页面。

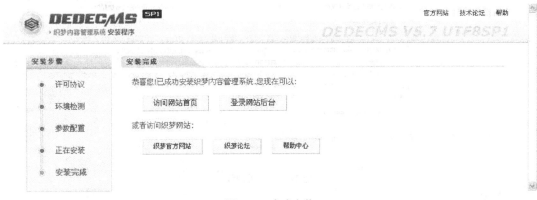

图 7-21　完成安装

图 7-22　登录界面

7.3.3　任务实施

一、远程服务器列表

远程服务器列表，如图 7-23 所示。

1. 设置远程的 ftp 服务器。

2. 进入管理后台→系统→服务器分布/远程。

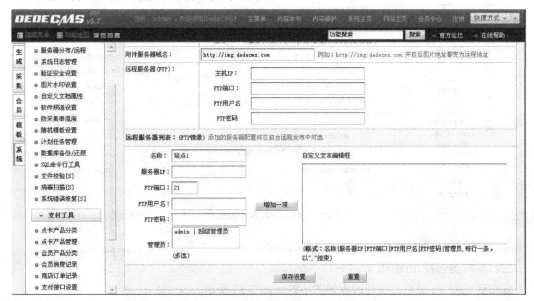

图 7-23　DedeCMS 后台系统服务器页面

3. 配置远程服务器列表

（1）配置 ftp 信息。

根据自己有的 ftp 服务器来进行配置。

举例，我们的 ftp 地址是 192.168.1.100 ，用户名和密码都是 DedeCMS，端口是 21，不要忘记选择管"理员"，如图 7-24 所示。

（2）单击"增加一项"按钮，如图 7-25 所示。

4. 启用远程站点功能

打开站点管理后台→系统→系统基本参数→核心设置，在"是否启用远程站点"选择"是"（必须），可以根据需要选择"是否发布和编辑文档时远程发布"，如图 7-26 所示。

图 7-24　远程服务器列表

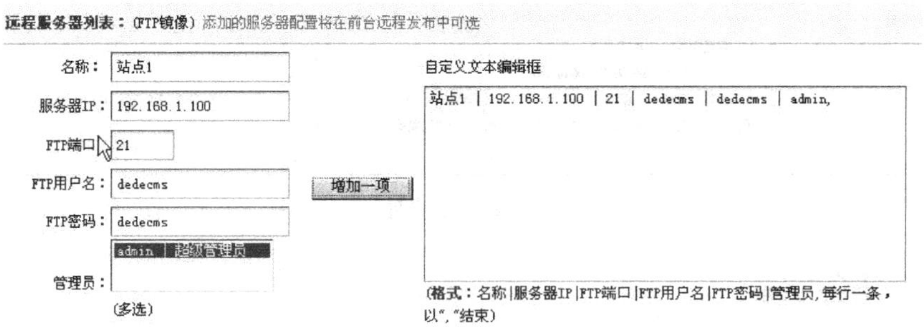

图 7-25　远程服务器列表

图 7-26　DedeCMS 服务器配置页面

5. 至此，所有配置已经完成，现在测试功能。

二、发布到远程 ftp 说明

发布到远程 ftp 说明，执行过程如图 7-27～图 7-33 所示。

1. 打开站点管理后台→生成→远程服务器同步。

2. 选择需要发布到远程服务器的文件夹和服务器（以 a 文件夹为例说明）。

3. 单击"更新选项"按钮。

4. 现在我们可以去看看是否已经更新到远程的 ftp（本例的 ftp 是本地 E 盘的 ftp 目录）。

图 7-27　对 a 文件夹进行测试

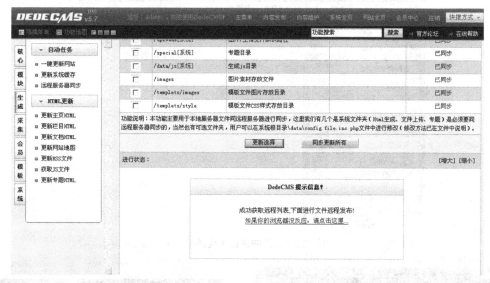

图 7-28　单击"更新选择"

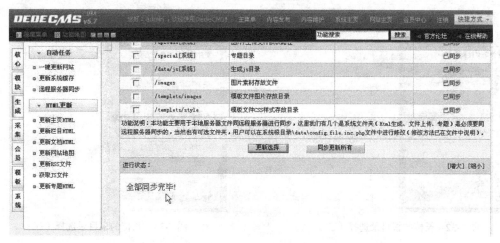

图 7-29　远程更新完毕

251

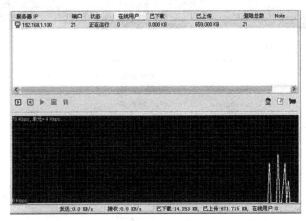

图 7-30　ftp 上传

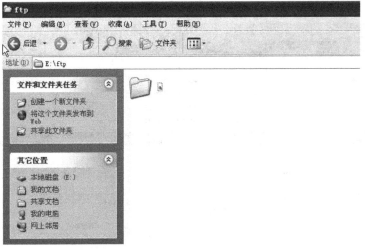

图 7-31　长传的根目录选择（一）

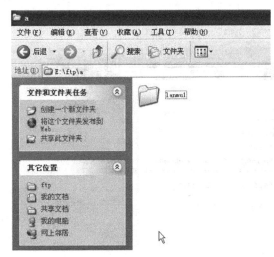

图 7-32　长传的根目录选择（二）

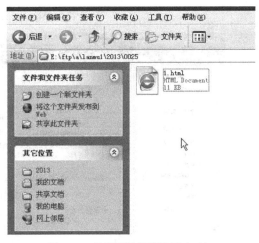

图 7-33　长传的根目录选择（三）

发布文章的同时发布到远程说明（只适用于生成静态的文章），如果已经在"核心设置"中启用了"是否发布和编辑文档时远程发布"。

　　新建一个栏目，然后发布一篇文章，会发现在"文章主栏目"一栏中会多出一个选项"是否同步远程发布"，在发布文章的时候选择这个选项并选择对应的站点，就可以发布一篇文章了，执行如图 7-34 所示。

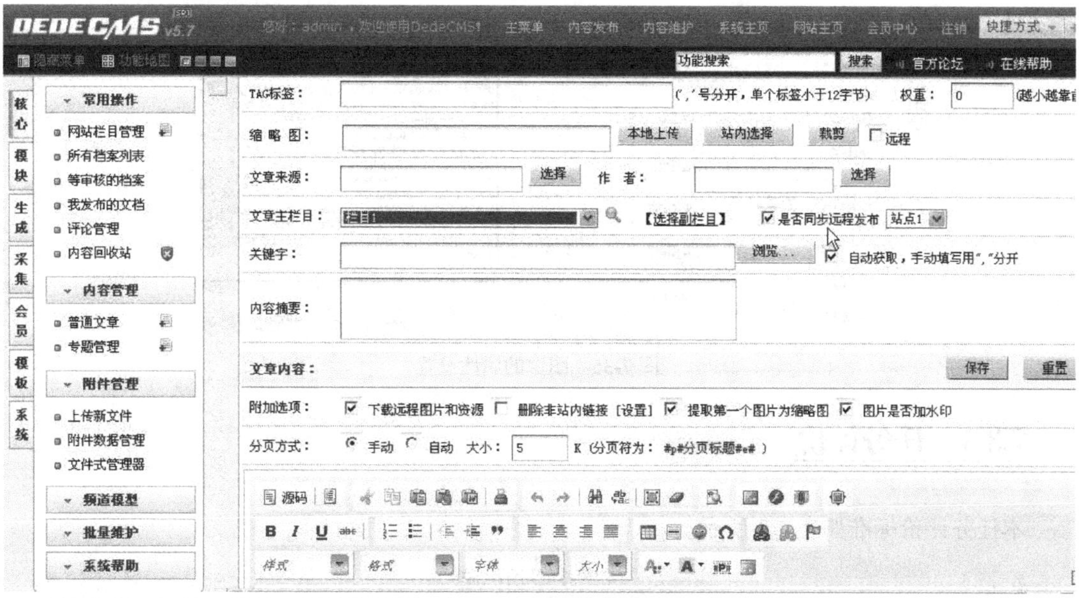

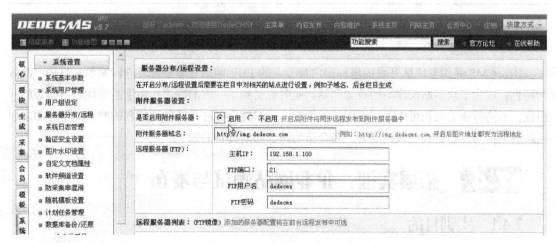

图 7-34　DedeCMS 后台文章管理

三、附件服务器设置

　　1. 设置附件服务器：首先是要启用附件服务器，以后的配置和远程服务器配置相似，在此不再赘述。执行如图 7-35 所示。

　　2. 配置好之后保存。

　　3. 至此，所有配置已经完成，现在测试功能。发表一篇带有图片的文章，在"附加选项"中不要选择"下载远程图片和资源"选项。执行如图 7-36 所示。

图 7-35　服务器分布/远程

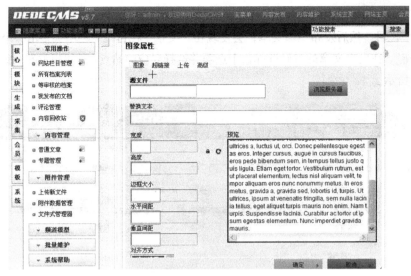

图 7-36　图像的属性设置

7.3.4　任务评价

本任务评价标准如表 7-3 所示。

表 7-3　　　　　　　　　　　　　本任务评价标准

评 分 项 目	评 分 标 准	分　　值	比　　例
任务结果	熟练掌握打开远程服务器列表	0～10分	50%
	掌握远程 FTP 的相关操作	0～20分	
	掌握配置附件服务器的方法	0～10分	
任务过程	根据任务实施过程的态度、团队协作、拓展能力和创新能力等方面进行考核	酌情打分	20%
知识的掌握	织梦的相关操作	酌情打分	20%
任务完成时间	在规定的时间内完成任务者得满分，每推迟 1 小时扣 5 分	0～20分	10%

7.3.5　任务小结

DedeCMS 是织梦团队开发的堪称国内最专业的 PHP 网站管理系统，它以简单、易用、高效为特色，成为了众多站长建站的首选利器，同时也受到了一致的好评；由于系统代码与模板的开源性，不同行业的站长可以通过不同的模型组合，组建出各种各样各具特色的网站。学习和掌握网站的上传与发布是我们最终成为一名合格的站长必须具备的知识。

7.4　拓展实训：企业网站测试与发布

7.4.1　实训目的

通过实训使学生更加熟练掌握网站测试与发布的相关知识。

7.4.2　实训任务

本实训的任务包括如下 3 个。

（1）完成企业网站的内部测试，包括搭建站点、浏览器兼容检测和可能存在的超级链接问题的检测。

（2）完成企业网站的发布，完成一个免费域名的申请。

（3）使用织梦将制作的企业网站进行上传。

7.4.3　实训考核

本任务评价标准如表 7-4 所示。

表 7-4　　　　　　　　　　　　　　本任务评价标准

评 分 项 目	评 分 标 准	分　　值	比　　例
任务结果	完成站点搭建，完成企业网站的内部测试	0～20 分	50%
	完成域名申请任务	0～10 分	
	使用织梦完成网站的上传	0～20 分	
任务过程	根据任务实施过程的态度、团队协作、拓展能力和创新能力等方面进行考核	酌情打分	20%
知识的掌握	网站的发布与测试	酌情打分	20%
任务完成时间	在规定的时间内完成任务者得满分，每推迟 1 小时扣 5 分	0～20 分	10%

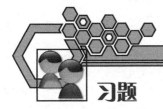

习题

1. 为什么织梦做的网站所上传的缩略图显示模糊呢？

2. 菜单最多只显示 10 个，多建了怎么办？

3. 请自定义搜索的链接写法。